GLP体系下检验实验室规范化建设与实践

金 永 张曼玲 张谦 /编著

Standardized Construction and Practice of Testing Laboratories within the Framework of the GLP System

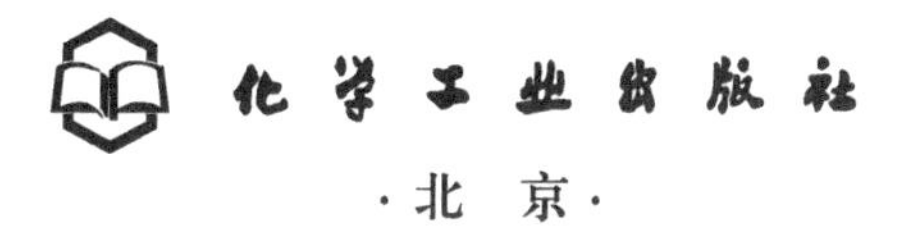

·北京·

内 容 简 介

检验实验室规范化建设是GLP（良好实验室规范）建设的重要组成部分，是衡量GLP规范化建设水平的关键标准之一。本书以GLP体系下检验实验室的规范化建设为主线，介绍了GLP的背景、术语，检验实验室的硬件建设，人员培训与管理，分析前、分析中和分析后的全程质量控制等内容，重点列举了检验实验室标准操作规程，为提高我国GLP研究水平，进一步建立健全检验实验室的室内和室间质量控制体系具有一定的意义，期望为国内GLP检验实验室的标准化建设及与国际接轨提供理论基础。

本书可供临床前评价、医学检验的专业人员，药物研发、检验实验室管理者阅读参考，也可供相关专业师生阅读。

图书在版编目（CIP）数据

GLP体系下检验实验室规范化建设与实践 / 金永，张曼玲，张谦编著. —北京：化学工业出版社，2024.5

ISBN 978-7-122-45684-7

Ⅰ. ①G… Ⅱ. ①金… ②张… ③张… Ⅲ. ①实验室管理-质量管理体系-研究 Ⅳ. ①G311

中国国家版本馆CIP数据核字（2024）第100618号

责任编辑：冉海滢
责任校对：李雨晴　　　　装帧设计：史利平

出版发行：化学工业出版社（北京市东城区青年湖南街13号　邮政编码100011）
印　　装：北京虎彩文化传播有限公司
710mm×1000mm　1/16　印张8¾　字数186千字　2024年5月北京第1版第1次印刷

购书咨询：010-64518888　　　　售后服务：010-64518899
网　　址：http://www.cip.com.cn
凡购买本书，如有缺损质量问题，本社销售中心负责调换。

定　　价：98.00元

前言

检验实验室是从事检验工作的重要场所，其出具的数据是药物临床前安全性评价的重要依据。只有检验实验室通过规范化、标准化管理，出具检测数据的准确性、有效性和可比性才有保证。本书从硬件、软件等方面介绍检验实验室的规范化建设与实践，为提升检验实验室规范化建设水平提出建议，以期为国内检验实验室的标准化工作做初步的探索和尝试，为达到国际药物临床前安全性评价机构中检验实验室的数据互认，及与国际药物临床前安全性评价机构检验实验室的接轨提供理论基础。

本书以医学检验实验室的规范化建设与实践为主线，共包括八章内容：第一章主要介绍了GLP的背景与概念及GLP诞生发展的历史轨迹；第二章主要介绍了GLP术语及其定义；第三章主要介绍了检验实验室硬件建设；第四章主要介绍了检验实验室人员培训与管理；第五章主要介绍了检验实验室分析的标准化及全程质量控制；第六章主要介绍了实验动物背景数据库的建立与应用；第七章主要介绍了检验实验室标准操作规程示例；第八章主要介绍了检验实验室主要仪器性能验证。

本书的出版得到了国家自然科学基金（82260138，82360140，82360801）和内蒙古自治区高等学校青年科技人才发展项目“高校青年科技英才”项目（NJYT23049）的支持。同时，安雨契、王颖、郑翕然三位秘书做了大量细致的编务工作，付出了辛勤的劳动，谨在此深表感谢。正是各位编著者严谨认真的工作态度，才能使本书编写工作顺利完成，如期付梓。

尽管在本书的编写过程中，编著者尽了最大的努力，但是我国医学检验实验室规范化事业发展迅速，难免存在疏漏之处，望业界同仁和广大读者批评指正。

编著者

2024年2月

目录

第一章
GLP概述

第一节　GLP的背景与概念

药物、食品添加剂的安全性是人们长期关注的热点问题，其质量优劣和潜在风险与人类的健康密切相关。其中，药物是现代生活中不可缺少的一部分，确保新药安全有效，建立健全药物研发全程质量管理体系，保障广大群众的身心健康是新药研发与药品行政管理部门义不容辞的职责，世界各国政府对新药的审批管理和质量监管都给予高度重视。

GLP（good laboratory practice，良好实验室规范）概念于20世纪70年代由美国提出，是为保障非临床实验室数据质量并确保其结果真实性、有效性而制定的一套质量管理体系，是新药临床实验研究的前提和基础，是新药首次应用到人类的最后一道安全屏障。它是包括实验的设计实施、检测、记录、报告撰写、归档保存等组织过程和全程实验条件监管的一整套质量体系，是一门管理科学。制定和实施GLP的主要目的，是统一实验数据的收集和整理过程，确保研究资料的可靠性和一致性，加强研究过程中的管理，使实验质量得到保障，避免研究数据和资料的错误，便于研究资料的分析、说明和解释，有助于政府监管部门据此做出科学决策。GLP不但提出了标准和要求，还提供了非常具体的操作程序，以防止主观性、随意性、偶然失误、遗忘等造成的不良后果。GLP的实质是质量，灵魂是管理。GLP质量体系是一项涉及生物、医药、卫生、环境、化工、材料等多学科门类的复杂而庞大的系统工程。

第二节　GLP诞生发展的历史轨迹

目前，各国的GLP在基本要素、主要条款、基本精神方面都主要参照美国FDA（Food and Drug Administration，美国食品药品监督管理局）于1976年最先制定的GLP法规。而FDA的GLP法规也并非凭空而来，它是FDA于20世纪70年代中期针对少数毒理学实验未达到应有的质量和完整性，采用联邦立法的形式所提出的非临床安全性研究必须达到的最低标准。为阐明GLP在确保非临床安全性研究在质量和完整性上的意义和重要性，有必要说明FDA的GLP法规的来龙去脉，阐明GLP立法之前所发生的与药物非临床安全性评价有关的药害事件。

一、药品管理立法的空白期

药物非临床安全性评价是一个不断摸索、不断创新的进程，既具有很强的理论性，又有丰富的实践意义。广义地说，从神农尝百草时代起，人类就开始积累安全性评价方面的知识。严格来说，真正意义上的药物非临床安全性评价，是在现代毒理学理论与方法基础之上，围绕多起药害事件，经过药政管理部门、制药企业和患者三方的多轮博弈、协商，逐步立法、逐渐完善而形成的一整套知识和经验体系。

1906年以前，美国的药物研究和食品加工还处于立法的空白期，无章可循、无法可依，完全凭经验办事。由于食品加工技术的落后，多种腐败和劣质食品上市销售，导致多起食物中毒事件的发生。市场上伪劣药物层出不穷，“包治百病”的“专利药”堂而皇之地招摇撞骗，将食品和药品工业存在的问题推向高峰。1902年，美国路易斯安那州有10名儿童死于白喉毒素治疗，直接导致《生物制品法》的诞生。1906年6月，国会通过了美国第一部医疗法规《纯净食品和药品法》，标志着药物研发进入了有法可依的时代。《纯净食品和药品法》的主要精神为：禁止伪劣食品和药品在各州销售，在药品标签上标明成瘾药的含量和比例。然而，该法对药品本身并没有限制，而是要求药品标签提供更多准确的信息，让消费者自行选择。

二、药物临床前安全性评价的立法

20世纪初，实验医学蓬勃发展，染料化学、植物化学等方面的突出进展，为新药研究的突飞猛进铺平了道路。但由于当时药政管理不严、组织无序，很多新药经过简单的动物实验看到有了一定的药效、毒性不大就上了临床。例如，氯丙嗪在临床试用前只测定过几项简单的毒性指标；治疗重症肌无力的酶抑宁没有做过系统的毒性试验就在临床应用；口服降血糖药甲磺丁脲人体应用的报道和小鼠LD_{50}测定的报道发表在同一期杂志上，事实上甲磺丁脲在人体应用前也仅仅做了小鼠的急性毒性试验。由于试验过于仓促，用药事故也随之层出不穷、危害极大。其中最为著名的是以下两起药害事件，后一起事件则直接促成了《食品、药品和化妆品法》的诞生。

第一起事件是二硝基酚减肥致死事件。1935 ～ 1937年，美国人使用二硝基酚减肥非常普遍，共导致177人患白内障、骨髓抑制等甚至死亡。第二起事件就是名列“四大药害事件”之一的二甘醇磺胺酏剂事件。1935年，生物学家发现磺胺的抑菌特性，随后各种磺胺制剂如片剂、胶囊剂等相继问世。但在面对儿童这一特殊患者群体时，却缺乏一种口感较好、易于服用的剂型。针对这一需求，1937年美国一家制药公司的主任药师瓦特金斯用二甘醇和水作溶媒，配制了一种“色、香、味俱全”的口服液体制剂，即“磺胺酏”（挥发性药物的乙醇溶液，简称酏），但从未做过动物实验。不幸的是，这种“酏剂”造成了107人中毒死亡、300多人急性肾功能衰竭的严重后果。后来的动物实验证明，磺胺本身并无毒性，造成中毒事件的是工业用的二甘醇。美国联邦法院以在酏剂中用二甘醇代替乙醇、掺假及贴假标签为由，对该制药公司进行罚款，主任药师瓦特金斯也在内疚和绝望中自杀。这就是在美国当时引起较大轰动的“磺胺酏剂事件”。

该事件发生数月后，美国国会通过了《食品、药品和化妆品法》，替代1906年颁布的《纯净食品和药品法》。该法规有关药品研究的重要条款为：新药上市前制造商必须提出新药申请（new drug application，NDA），描述药品的成分，报告安全试验结果，并描述药品的生产和控制工艺。对于不可避免的有毒物质，必须建立安全耐受限制。药品的上市申报采用基线审批，即制造商向FDA申报NDA之后，如果60天内没有收到FDA的反对意见，该药即记为自动通过审批。

三、药物安全性评价总体框架的形成

1. 新药的安全性评价研究

“磺胺酏剂事件”之后，虽然规定新药必须进行动物毒性试验，但对毒性试验的动物数、观察指标、试验项目等方面并没有明确要求。另一方面，第二次世界大战之后，抗生素、胰岛素等医药学研究的发展异常迅速。因此，新的药害事件又随之发生。

1937 ～ 1959年，美国妇女用黄体酮保胎，治疗先兆流产，结果使600多名女婴发生生殖器男性化。早在1939年就已知化学合成的孕激素分子结构类似男性激素，可使后代雌性动物雄性化。其实该药在动物上早已发现毒性，仅仅因未引起人们足够的重视而造成悲剧。

1954 ～ 1956年，法国的有机锡胶囊事件引起207人视力障碍，其中102人死亡。主要原因是当时急性毒性试验仅观察了24h，不仅LD_{50}不准确，认为毒性不大，更主要的是24h内未出现神经毒性症状。如果当时急性毒性观察3天或7天以上，则这一悲剧事件完全可以避免。

直接导致新的药品监管立法的事件则是1959 ～ 1962年发生的“反应停惨剧”。1956年，联邦德国格仑南苏制药厂生产了一种治疗妊娠呕吐反应的镇静药沙利度胺（又称“反应停”）。该药上市后的6年间，因其疗效明显，先后被联邦德国、澳大利亚、加拿大、日本及拉丁美洲、非洲的共28个国家和地区广泛使用。到1960年左右，各国都陆续发现新生儿四肢“海豹肢畸形”发生率增加。流行病学调查和动物实验也证明“海豹肢畸形”是由患儿的母亲在妊娠期间服用沙利度胺所引起的。“海豹肢畸形”患儿在日本大约有1000人，在联邦德国大约有8000人，全世界超过1万人，这就是著名的“沙利度胺不良反应事件”。造成这场药物灾难的原因，一是反应停未经过严格的药理实验，二是生产该药的格仑南苏制药厂虽已收到有关反应停毒性反应的100多例报告，但都隐瞒下来。美国躲过了“反应停惨剧”的劫难，是因为吸取了1938年“磺胺酏剂事件”的教训，没有批准进口反应停。FDA审查员Frances Kelsey医师在审查该药时因发现缺乏足够的试验数据而拒绝批准进口，从而避免了此次灾难。但此次事件的严重后果在美国引起了不安，激起了公众对药品监督和药品法规的普遍关注，并最终导致了国会对《食品、药品和化妆品法》的重大修改。美国国会很快通过了《Kefauver-Harris 修正案》，确定了新药上市审批的必要程序，第一次要求制药商在新药上市前向FDA提供经实验证明的安全性和有效性信息，并且要求制药商保留药品的不良反应记录。新药的上市管理已由基线报批制向药监部门审批制转变，药物的安全性必须通过调研新药申请前的动物毒理学实验和NDA之前的安全性评价。《Kefauver-Harris修正案》从法律层面上提升了FDA在新药审批和试验中的管理权限，为GLP的产生奠定了基础。自此之后，新药的安全性评价研究逐步走上了良性发展的道路。

2. GLP法规的出台

20世纪六七十年代，随着Carson的环保巨著《寂静的春天》问世，对化学品负面影响的恐惧在全球范围内广泛传播。因此，“反应停事件”之后，各国的法律对各种化学品的测试要求愈来愈严格，需要测试的化学品愈来愈多。为新产品提供安全性评价服务变得愈来愈有利可图，能力参差不齐的实验室都试图淘到“安全性评价研究”这个“金元宝”，导致安全性评价工作出现混乱和质量问题，最终点燃GLP立法的导火索。1972

年，新西兰最早进行了GLP立法，于1973年颁布了《实验室注册法》，并成立了实验室注册委员会，要求对所有进行科学实验研究的实验室进行注册，没有达到GLP标准的实验室，其数据不得与他人进行交换，在法律上无效。1973年3月，丹麦提出《国家实验理事会法案》，规定国家技术试验局的责任是监督和协调实验技术的应用，保障安全评价质量控制。不过这两个国家的GLP立法并没有引起世界上其他国家的足够重视。

与此同时，FDA决定对某些怀疑有问题的实验室进行"追因检查"，发现在动物毒性试验中存在质量控制不严、缺乏操作标准等方面的问题，同时发现某些重要的研究发现未及时报告，有时甚至有意向FDA隐瞒。FDA于1978年12月22日，以联邦管理法典第21条第58部分形式发布非临床实验室研究的实验室操作规范（GLP）。EPA（Environmental Protection Agency，美国环保局）根据《毒物控制法案》和《联邦杀虫剂、杀真菌剂和杀鼠剂法》（FIFRA）的要求于1980年4月18日制定了针对一般化学品安全性评价试验的GLP法规，根据《联邦杀虫剂、杀真菌剂和杀鼠剂法》的要求于1980年11月21日制定了农药安全性评价试验的GLP法规。FDA制定GLP法规的目的是为非临床安全性评价研究的计划、实施和报告提供一个最低的标准。其主要目标是保护公众避免新产品所带来的风险。GLP法规的实施为保质保量、科学合理地完成非临床安全性评价研究提供了基本的保证。该法规通过强化对所管辖产品的非临床安全性研究的监督管理，大大提高了非临床安全性研究的质量，并规定了不符合GLP标准的实验室，FDA概不接受其提交的安全性研究报批资料，其数据也不得与其他实验室或公司交换。从此以后，GLP作为一种质量保证的机制逐渐被人们接受及重视。FDA制定GLP法规之后各国的GLP发展概况如下。

（1）欧洲　自美国颁布GLP法规，并采取了强硬的推行措施，引起了包括欧洲各国在内的许多国家的关注。OECD(Organization for Economic Co-operation and Development，经济合作与发展组织）协调其22个成员国的意见，制定出和美国FDA的GLP基本原则一致、管辖产品范围略有不同的《OECD GLP原则》，于1981年5月在OECD理事会通过。德国等欧洲国家随即颁布了《OECD GLP原则》的译本，欧洲各国主管部门陆续以《OECD GLP原则》为基础制定符合本国国情的GLP。1986年12月，欧共体统一要求其成员国必须推行GLP。1988年6月，欧共体统一要求成员国对本国研究机构GLP的实施情况进行强制性监督，拥有符合GLP的非临床研究资料成为新药在欧洲各国上市的先决条件。

1986年欧共体要求“成员国确保安全性研究遵照GLP原则执行”，主要项目包括：单次给药毒性实验、反复给药毒性实验、胎仔毒性实验、生殖毒性实验和致癌实验。1991年欧共体要求增加致突变实验。这六项研究和美国及日本解释的范围大致相同。1993年，协调人用药物注册技术要求的国际协调会议（ICH）第二次会议提出“毒代动力学研究也应遵守GLP”，得到了欧洲国家的响应。

欧洲主要国家推出GLP的时间表大致为：法国，1983年由法国社会事务部颁布；德国，1983年由青年、家庭与卫生事务部颁布；瑞典，1985年由国家卫生福利部颁布；西班牙，1985年《公务通报》上颁布GLP草案；意大利，1986年由意大利卫生部颁布；荷兰，1986年由荷兰卫生与环境保护部颁布GLP指南，1987年生效；比利时，1988年由卫生环境保护部颁布；瑞士，1988年由联邦国外经济事物办公室依据OECD版本修订后颁布；英国，1982年英国卫生与社会安全部颁布GLP法规，此外，英国政府还于1989年发布有关计算机系统管理的GLP指导原则。

（2）日本　日本实施GLP已有40多年历史，经验丰富，管理富于科学性，影响力很大。日本是制定GLP法规最多的国家，针对不同的化学品，不同的行政管理部门前后共颁布了六部GLP法规，其中影响最大的是厚生省制定的GLP法规。1978年，厚生省组织11名专家成立GLP研究会，起草药品、化学品的GLP；1981年7月20日制定出GLP草案；1982年3月31日厚生省药务局以上述草案为基础颁布最终GLP；1983年4月1日开始全面实施；1988年10月5日，厚生省根据GLP实际检查情况，对GLP进行了修订，此后每隔2～3年修订一次，以适应GLP发展和国际的要求。

（3）韩国　韩国是OECD成员国，于1986年按照《OECD GLP原则》颁布了GLP法规，主管部门是韩国卫生和社会事务所。从1986年发布至2003年经历了十几年的过渡期，于2003年开始全面实施GLP。

（4）中国　我国的GLP工作起步晚、进步快，现在已有21家单位建立了基本符合《中华人民共和国药品管理法》《药物非临床研究质量管理规范》《药物研究监督管理办法（试行）》等有关规定的GLP机构，并获得国家食品药品监督管理总局的认可和公示，目前还有很多单位正积极组织筹建和申请工作。但GLP机构建设速度并不代表思想认识的高度，更不能说明安全性评价工作的质量。此外，在GLP法规的贯彻、实施和监管上，也还存在这样或者那样的问题。

我国GLP专题研究始于20世纪90年代，10余年间完成了从GLP专家学术研究层面向政府研究与管理层面的跨越。其间，国家食品药品监督管理局安监司、国家新药审评中心、国家药物安全评价监测中心、军事医学科学院国家（北京）药物安全评价中心等单位先后组织多次GLP学术研讨会，对适合我国国情的GLP建设与发展进行专题研究。从研究内容看，大多侧重GLP研究的某一个方面或环节，对GLP整体质量体系未见深入研究和报道，对我国GLP质量体系的现状、问题和对策也未进行过系统的调研和分析。

由于我国GLP起步较晚，且限于国内的环境和条件，我们无论在GLP理念、规范的执行、软件和硬件的建设、高技术的普及和应用，还是对知识产权的保护、动物福利和伦理等方面，与发达国家都还存在一定差距，因此形成了我国创新药物走向国际的技术壁垒之一。

GLP规范化建设是打破国外安全性评价技术壁垒，促进我国自主研发创新药物打入国际市场的重要举措。检验是GLP 研究中的重要学科之一，是以实验动物的血液生化、血液学、免疫学和尿液等指标为检测终点的学科。检验是GLP研究中功能性评价和时效评价的重要依据，也是药物毒性评价的重要指标之一。检验规范化是GLP规范化建设的重要组成部分，是衡量GLP规范化建设水平的关键标准之一，检验的数据互认也是我国

GLP突破国际GLP技术壁垒，走向世界并最终达到国际认证的重要组成部分。

以往由于客观条件的限制，自动化仪器的普及程度不高，很多指标检验常由手工完成，且测定方法未能形成标准化，检测结果干扰因素多，客观性不强，结果误差较大，给检验的规范化建设带来较大困难，这也是我国GLP实验室与国际接轨的重要瓶颈之一。随着我国GLP的快速发展和硬件的改善，一大批自动化分析仪器装备的普及，以及一系列指标测定方法的标准化，检验结果在GLP研究中越来越重要，其在药物毒性评价中的参考意义逐渐凸显，尤其在现代生物技术药物安全性评价中更是发挥不可替代的作用。但不可否认的是，我国GLP研究机构中检验实验室缺乏统一的管理、认证和室间质量控制体系，其规范性与国际先进实验室相比仍存在较大差距，主要表现在：

① 缺乏完全满足现代药物研发尤其是生物技术药物安全性评价所需的仪器设备。

② 缺乏与GLP评价所需的仪器设备相配套的标准化的质量认证和质量管理体系。

③ 检验实验室分析操作的标准化和质量控制体系亟待加强和提高。

④ 缺乏完善的实验动物病理学背景数据库。

⑤ 缺乏国际认证的实验室数据采集、分析和管理系统。

参考文献

[1] 王佳楠, 李见明, 曹彩. 药物GLP认证及应注意的几个问题[J]. 中国药事, 2010, 24 (5): 461-463.

[2] 韩铁. 我国GLP质量体系建设的现状、问题与对策[D]. 北京: 中国人民解放军军事医学科学院, 2006.

[3] 赵国骥. 中外GLP法规和认证项目的对比与借鉴[D]. 天津: 天津大学, 2009.

[4] 卢玮. 美国食品安全法制与伦理耦合研究（1906—1938）[D]. 上海: 华东政法大学, 2014.

[5] 陈晓红. 中国误诊大数据分析[M]. 南京: 东南大学出版社, 2018.

[6] 尹述凡. 药物原理概论[M]. 成都: 四川大学出版社, 2018.

[7] 吴晓冬. 药理学[M]. 南京: 东南大学出版社, 2014.

[8] 蔡皓东.1937年磺胺酏剂(含二甘醇)事件及其重演[J]. 药物不良反应杂志, 2006(03): 217-220.

[9] 黄碗贞. 我国中药产品在美国市场准入的研究[D]. 北京: 北京中医药大学, 2019.

[10] 李若欣. 震惊世界的药物不良反应事件[J]. 药物与人, 1999(01): 28-29.

[11] 徐玲霞. 雄烯二酮生产菌耐底物及高产性的比较基因组学分析[D]. 江西: 江西师范大学, 2017.

[12] 李婵娟. 新药临床研究中安全性评价的统计方法[D]. 西安: 中国人民解放军空军军医大学, 2005.

[13] 苏怀德. 从反应停事件中吸取教训[J]. 中国药学杂志, 1989(10): 636.

[14] 孟八一. 严厉的监管成就强大的产业——FDA药物监管110年剪影(连载一)[J]. 中国食品药品监管, 2018(06): 47-55.

[15] 褚童. TRIPS协定下药品试验数据保护研究[D]. 上海: 复旦大学, 2014.

[16] 卢健, 冯真真, 刘学惠, 等. 实验室管理体系中OECD GLP与ISO/IEC 17025的异同[J]. 中国标准化, 2010(07): 27-29.

[17] 吴琼. 北极海域的国际法律问题研究[D]. 上海: 华东政法大学, 2010.

[18] 周喜应, 李友顺. 加强我国农药登记试验管理之管见[J]. 农药科学与管理, 2013, 34(08): 5-8.

[19] 孙祖越, 周莉, 吴建辉. 试论药物非临床生殖毒性试验中的真实性、规范性、科学性和创新性[J]. 中国药理学通报, 2014, 30(05): 597-604.

[20] 陈晓霞. 建立我国医疗器械良好实验室规范(GLP)的现状调查研究[D]. 北京: 北京协和医学院, 2012.

[21] 刘婷. 国际贸易中的转基因食品标识问题研究[D]. 上海: 上海交通大学, 2016.

[22] 柳丽, 胡廷熹, 张象麟. 欧洲国家GLP的实施概况[J]. 中国药事, 2000(04): 67-69.

[23] 岑小波, 韩玲. 中药新药非临床安全性研究和评价的思考[J]. 中国药理学与毒理学杂志, 2016, 30(12): 1343-1358.

[24] 齐晓霞. 药害事故防范与救济制度研究[D]. 上海: 复旦大学, 2011.

[25] 张玉成. 建立中国食品毒理GLP体系的探索[D]. 武汉: 武汉大学, 2017.

[26] 彭真. 我国药物非临床研究机构现状及对策研究[D]. 长沙: 中南大学, 2014.

[27] 许小星, 于姗姗. 我国药品质量管理规范分析[J]. 中国药物经济学, 2019, 14(09): 123-125.

[28] 王际辉, 叶淑红. 食品安全学[M]. 北京: 中国轻工业出版社, 2020.

第二章
GLP术语及其定义

GLP作为一种独特的质量体系，拥有专门的技术术语。以下列出GLP法规的常用术语及其释义，大部分词条的释义引自2003年6月4日国家食品药品监督管理局局务会审议通过的《药物非临床研究质量管理规范》以及2017年6月20日国家食品药品监督管理总局局务会议审议通过的《药物非临床研究质量管理规范》。

1. 非临床研究质量管理规范

非临床研究质量管理规范，指有关非临床安全性评价研究机构运行管理和非临床安全性评价研究项目试验方案设计、组织实施、执行、检查、记录、存档和报告等全过程的质量管理要求。

2. 非临床安全性评价研究

非临床安全性评价研究，指为评价药物安全性，在实验室条件下用实验系统进行的实验，包括安全药理学实验、单次给药毒性实验、重复给药毒性实验、生殖毒性实验、遗传毒性实验、致癌性实验、局部毒性实验、免疫原性实验、依赖性实验、毒代动力学实验以及与评价药物安全性有关的其他实验。

3. 非临床安全性评价研究机构（以下简称研究机构）

研究机构，指具备开展非临床安全性评价研究的人员、设施设备及质量管理体系等条件，从事药物非临床安全性评价研究的单位。

4. 多场所研究

多场所研究，指在不同研究机构或者同一研究机构中不同场所内共同实施完成的研究项目。该类研究项目只有一个试验方案、专题负责人，形成一个总结报告，专题负责人和实验系统所处的研究机构或者场所为“主研究场所”，其他负责实施研究工作的研究机构或者场所为“分研究场所”。

5. 机构负责人

机构负责人，指按照规范的要求全面负责某一研究机构的组织和运行管理的人员。

6. 专题负责人

专题负责人，指全面负责组织实施非临床安全性评价研究中某项试验的人员。

7. 主要研究者

主要研究者，指在多场所研究中，代表专题负责人在分研究场所实施试验的人员。

8. 委托方

委托方，指委托研究机构进行非临床安全性评价研究的单位或者个人。

9. 质量保证部门

质量保证部门，指研究机构内履行有关非临床安全性评价研究工作质量保证职能的部门，负责对每项研究及相关的设施、设备、人员、方法、操作和记录等进行检查，以保证研究工作符合规范的要求。

10. 标准操作规程

标准操作规程，指描述研究机构运行管理以及试验操作的程序性文件。

11. 主计划表

主计划表，指在研究机构内帮助掌握工作量和跟踪研究进程的信息汇总。

12. 试验方案

试验方案，指详细描述研究目的及试验设计的文件，包括其变更文件。

13. 试验方案变更

试验方案变更，指在试验方案批准之后，针对试验方案的内容所做的修改。

14. 偏离

偏离，指非故意地或者由不可预见的因素导致的不符合试验方案或者标准操作规程要求的情况。

15. 实验系统

实验系统，指用于非临床安全性评价研究的动物、植物、微生物以及器官、组织、细胞、基因等。

16. 受试物/供试品

受试物/供试品，指通过非临床研究进行安全性评价的物质。

17. 对照品

对照品，指与受试物进行比较的物质。

18. 溶媒

溶媒，指用以混合、分散或者溶解受试物、对照品，以便将其给予实验系统的媒介物质。

19.批号

批号，指用于识别“批”的一组数字或者字母加数字，以保证受试物或者对照品的可追溯性。

20.原始数据

原始数据，指在第一时间获得的，记载研究工作的原始记录和有关文书或者材料，或者经核实的副本，包括工作记录、各种照片、缩微胶片、计算机打印资料、磁性载体、仪器设备记录的数据等。

21.标本

标本，指来源于实验系统，用于分析、测定或者保存的材料。

22.研究开始日期

研究开始日期，指专题负责人签字批准试验方案的日期。

23.研究完成日期

研究完成日期，指专题负责人签字批准总结报告的日期。

24.计算机化系统

计算机化系统，指由计算机控制的一组硬件与软件，共同执行一个或者一组特定的功能。

25.验证

验证，指证明某流程能够持续满足预期目的和质量属性的活动。

26.电子数据

电子数据，指任何以电子形式表现的文本、图表、数据、声音、图像等信息，由计算机化系统来完成其建立、修改、备份、维护、归档、检索或者分发。

27. 电子签名

电子签名，指用于代替手写签名的一组计算机代码，与手写签名具有相同的法律效力。

28. 稽查轨迹

稽查轨迹，指按照时间顺序对系统活动进行连续记录，该记录足以重建、回顾、检查系统活动的过程，以便于掌握可能影响最终结果的活动及操作环境的改变。

29. 同行评议

同行评议，指为保证数据质量而采用的一种复核程序，由同一领域的其他专家学者对研究者的研究计划或者结果进行评审。

参考文献

[1] 国家食品药品监督管理局. 药物非临床研究质量管理规范(局令第2号) [S/OL].

[2] 国家食品药品监督管理总局. 药物非临床研究质量管理规范(局令第34号) [S/OL].

[3] 王爱平. GLP中常用术语的定义[J]. 中国药师, 1999(06): 334.

[4] 吴国泰, 杜丽东, 王水明, 等. GLP实验室人员培训与管理[J]. 甘肃科技, 2018, 34(20): 94-96.

第三章 检验实验室硬件建设

第一节　实验室设施环境调控

完整配套的实验设施和环境是评价工作顺利进行和高质量完成的重要保障。2003年6月4日国家食品药品监督管理局局务会审议通过的《药物非临床研究质量管理规范》以及2017年6月20日国家食品药品监督管理总局局务会议审议通过的《药物非临床研究质量管理规范》等相关规定，与检验实验室设施环境建设相关的要求有：研究机构应当根据所从事的非临床安全性评价研究的需要建立相应的设施，并确保设施的环境条件满足工作的需要；各种设施应当布局合理、运转正常，并具有必要的功能划分和区隔，有效地避免可能对研究造成的干扰，并能根据需要调控温度、湿度、空气洁净度、通风和照明等环境条件，避免实验系统、废弃物等之间发生相互污染；具备清洗消毒设施；具备标本的接收、保管和试剂保管的独立房间或者区域，并采取必要的隔离措施，以避免标本发生交叉污染或者相互混淆，相关的设施应当满足不同标本和试剂等对于贮藏温度、湿度、光照等环境条件的要求，以确保标本和试剂在有效期内保持稳定；对于有特定环境条件调控要求的标本和试剂，应进行充分的监测；具备收集和处置实验废弃物的设施，对不在研究机构内处置的废弃物，应当具备暂存或者转运的条件。

1. 目的

有效控制和管理检验实验室的设施和环境条件，保障检测工作的顺利开展，确保检测结果的准确可靠，保护实验室和个人的安全，确保实验室的设施和环境条件符合生物安全要求。

2.范围

适用于药物非临床安全评价中心所属的检验实验室。

3.职责

（1）部门负责人根据工作实际情况，负责实验室空间安排与设计，审核实验室设施和环境控制的条件。

（2）安全员负责本部门实验室的安全管理，安排落实人员对设施和环境条件进行维护和记录。

（3）相关工作人员按要求对设施和环境进行维护并记录。

（4）质量监督员负责监督设施维护和环境条件控制情况。

4.工作程序

（1）实验室空间布局

① 实验室的墙壁、顶棚和地面应平整、耐腐蚀，不得铺设地毯。实验台面应牢固、防水、耐热、耐腐蚀，实验台彼此间以及实验台与壁柜之间应保持一定安全距离，壁柜高度的设计应安全、方便。仪器设备的摆放应整齐、安全、合理。

② 实验室内应保证工作照明，采光适宜，窗户挂置窗帘，根据天气开或挂，避免不必要的反光、强光。

③ 应有必备的消毒药品，在发生紧急生物安全危害时使用。

（2）环境条件的控制

① 根据本室检测项目或仪器的要求建立本室环境控制条件，应按要求最严格的仪器建立控制限度。

② 放置经过校准的温湿度计。工作人员每天定时按要求记录室内温度和湿度，是否满足实验检测要求。要求实验室温度在18 ～ 30℃，湿度在20% ～ 70%。在湿度太低时，需打开加湿器或加湿毛巾以纠正湿度。

工作日内每天填写《温湿度记录表》。

（3）内务管理

① 按照5S管理理念（整理、整顿、清洁、清扫、素养），工作区域要保持整洁，物品进行归类，摆放整齐，一目了然。

② 工作人员把物品用完后放到指定的位置。

③ 安排相应的存储空间和条件，以保证检测样品、涂片、文件、手册、设备、试剂、实验室用品、记录以及检验结果等的完整性和安全性。

（4）实验室安全管理

① 在使用电源和火源时必须遵守安全第一的规则，不得乱接电源，不得在工作场所吸烟，电线不得在地面上裸露，可在地面的电线上加保护盒，安全负责人、安全员定期检查有无乱接电源、电线等隐患，定期检查消防栓、灭火器是否在位完好、是否失效。

② 工作人员每天下班时，对不用的设施和设备应切断电源，关好窗户。

③ 实验室的医疗垃圾不得随意放置，容器有标识，必须放入有黄色塑料袋的指定垃圾桶内。对于再次使用的物品（如移液管、吸管等）、污染的工作台面和地面，必须用消毒液进行消毒处理，严重者先进行预处理再消毒。

④ 实验室的台面、地面应保持干净整洁，进行常规消毒；仪器设备由相关工作人员进行消毒。

⑤ 对易燃、易爆、强腐蚀性物品，剧毒物品等，安排专人专柜保管，保管人员负责做好《危险物品领用记录》，做好安全措施。

⑥ 工作人员进入工作区和污染区必须穿工作服，必要时戴手套。对特殊要求的实验室应采取相应的个人防护措施。个人防护按生物安全实验室的级别要求进行。

⑦ 对外来人员采取禁止或限制进入措施，非本室人员未经许可不得随意进出实验室。允许进入者，先进行登记，需要接受本室人员的指引，注意安全、避免生物污染，必要时穿防护服。

第二节　检验实验室仪器设备的规范化使用与管理

一、血凝仪使用及维护

1. 目的

以美创MC-4000plus型四通道血凝仪为例，规范检验实验室血凝仪的使用，保证检验结果的准确性。

2. 范围

适用于指导检验实验室人员血凝仪的使用及维护。

3. 试剂

（1）凝血酶原时间（PT）测定试剂盒（冻干型）（凝固法）　用于体外血浆凝血酶原时间测定，用于辅助诊断。待测血浆中加入过量的含钙组织凝血活酶，重新钙化的血浆在组织因子存在时激活因子Ⅹ成为Ⅹa，后者使凝血酶原转变成凝血酶，凝血酶使纤维蛋白原转变为不溶性纤维蛋白，测定凝固所需的时间，即为待测血浆凝血酶原时间。未开启试剂于2～8℃保存可稳定至标签所示失效日期，试剂复溶后于2～8℃可保存7天，试剂保存应防止冷冻。参考值10～14s。

（2）活化部分凝血活酶时间（APTT）测定试剂盒（鞣花酸）（凝固法）　用于体外血浆活化部分凝血活酶时间测定，用于辅助诊断。待测血浆中加入部分凝血活酶溶液，在钙离子参与下纤维蛋白原转变为不溶性纤维蛋白，测定凝固所需的时间，即为待测血浆活化部分凝血活酶时间。未开启试剂于2～8℃保存可稳定至标签所示失效日期，试剂复溶后于2～8℃可保存14天，试剂保存应防止冷冻。参考值22～38s。

（3）纤维蛋白原（FIB）含量测定试剂盒（冻干型）（凝固法）　用于体外血浆纤维蛋白原含量测定，用于辅助诊断。采用Clauss凝固法原理，高浓度凝血酶存在时，待测稀释血浆的凝固时间与其纤维蛋白原（FIB）

成反比。未开启试剂于2 ～ 8℃保存可稳定至标签所示失效日期，FIB凝血酶复溶后于2 ～ 8℃可保存7天，4h内−20℃可保存20天，使用时37℃迅速解冻，勿反复冻融。FIB定值血浆复溶后于2 ～ 8℃可保存8h。参考值200 ～ 400mg/dL。

（4）凝血酶时间（TT）测定试剂盒（冻干型）（凝固法） 用于体外血浆凝血酶时间测定，用于辅助诊断。待测血浆中加入适量凝血酶溶液，纤维蛋白原转变为不溶性纤维蛋白，测定凝固所需的时间，即为待测血浆凝血酶时间。参考值10 ～ 16s。

4.操作步骤

（1）开机

① 打开电源开关。

② 显示软件版本。

③ 记忆测试，自检。

④ 预热。MC-4000plus大约需要30min预热时间，直到孵育板的温度达到37℃。

⑤ 当达到操作温度时，显示standby待机状态。

⑥ 按←→选择项目，按【enter】键进入测试。

（2）检测

① PT检测

a. 血凝杯要在仪器的预温孔上进行预温，在预温好的血凝杯中加入100μL待测血浆。

b. 打开CH_1、CH_2、CH_3、CH_4通道光源保护帽，将血凝杯分别加到CH_1、CH_2、CH_3、CH_4中，仪器在发出“嘀”一声后自动进入倒计时。

c. 检测通道将对样品进行调整。

d. 样品调整后，进入下一界面，要求加入启动试剂。

e. 用移液枪加入200μL PT试剂启动，检测将自动进行，无需任何操作。只要凝固信号被检测通道探出，即得到凝固所需的时间。

f. 得到检测结果5s后，结果将自动打印，并提示操作人员移去检测通道中所有的血凝杯，可进行下一样品的检测。

② APTT检测

a. 血凝杯要在仪器的预温孔上进行预温，在预温好的血凝杯中加入100μL待测血浆，再分别加入100μL APTT试剂。

b. 打开CH_1、CH_2、CH_3、CH_4通道光源保护帽，将血凝杯分别加到CH_1、CH_2、CH_3、CH_4中，仪器在发出“嘀”一声后自动进入倒计时。

c. 检测通道将对样品进行调整。

d. 样品调整后，进入下一界面，要求加入启动试剂。

e. 用移液枪加入100μL $CaCl_2$试剂启动，检测将自动进行，无需任何操作。只要凝固信号被检测通道探出，即得到凝固所需的时间。

f. 得到检测结果5s后，结果将自动打印，并提示操作人员移去检测通道中所有的血凝杯，可进行下一样品的检测。

③ FIB检测

a. 血凝杯要在仪器的预温孔上进行预温，在预温好的血凝杯中加入1：10稀释（100μL血浆+900μL稀释液）的待测稀释血浆200μL，37℃预温3min。

b. 打开CH_1、CH_2、CH_3、CH_4通道光源保护帽，将血凝杯分别加到CH_1、CH_2、CH_3、CH_4中，仪器在发出“嘀”一声后自动进入倒计时。

c. 检测通道将对样品进行调整。

d. 样品调整后，进入下一界面，要求加入启动试剂。

e. 用移液枪加入100μL FIB试剂启动，检测将自动进行，无需任何操作,只要凝固信号被检测通道探出，即得到凝固所需的时间。

f. 得到检测结果5s后，结果将自动打印，并提示操作人员移去检测通道中所有的血凝杯，可进行下一样品的检测。

④ TT检测

a. 血凝杯要在仪器的预温孔上进行预温，在预温好的血凝杯中加入200μL待测血浆。

b. 打开CH_1、CH_2、CH_3、CH_4通道光源保护帽，将血凝杯分别加到CH_1、CH_2、CH_3、CH_4中，仪器在发出“嘀”一声后自动进入倒计时。

c. 检测通道将对样品进行调整。

d. 样品调整后，进入下一界面，要求加入启动试剂。

e. 用移液枪加入200μL TT试剂启动，检测将自动进行，无需任何操作。只要凝固信号被检测通道探出，即得到凝固所需的时间。

f. 得到检测结果5s后，结果将自动打印，并提示操作人员移去检测通道中所有的血凝杯，可进行下一样品的检测。

（3）参数设定

① PT参数设定

a. 血凝仪显示standby状态。

b. 按【mode】键，输入密码，显示菜单。

c. 按【→】键显示下列菜单：<1st Conversion>；<2nd Conversion>；<Replication>；<measurement>；<cuv remove detect>。

d. 选择<1st Conversion>，按【enter】键进入参数设置。

② APTT参数设定

a. 血凝仪显示standby状态。

b. 按【mode】键，输入密码显示菜单。

c. 按【→】键，菜单中显示<1st Conversion>；<2nd Conversion>；<Replication>；<measurement>；<cuv remove detect>。

d. 选择<2nd Conversion>，按【enter】键进入参数设置。

③ FIB参数设定　操作同APTT参数设定。

④ TT参数设定　操作同APTT参数设定。

5.凝血四项检测的意义

（1）PT检测的意义　PT测定是外源性凝血系统较理想和常用的筛选试验，也可作为外源性途径及共同途径凝血因子的定量试验，同时，也可用于口服抗凝剂治疗的监控。

PT延长：见于先天性凝血因子Ⅱ、Ⅴ、Ⅶ、Ⅹ缺乏症，低（无）纤维蛋白原血症，弥散性血管内凝血（DIC），原发性纤溶症，维生素K缺乏，肝病，口服抗凝剂、肝素和纤维蛋白原降解产物（FDP）等。

PT缩短：见于先天性凝血因子Ⅴ增多，口服避孕药，高凝状态，血栓性疾病等。

（2）APTT检测的意义　APTT测定是内源性凝血系统较敏感和常用的筛选试验，也可作为内源性途径凝血因子的定量试验，可检测除Ⅶ因子外的其他血浆凝血因子，特别是用于因子Ⅷ、Ⅸ、Ⅺ、Ⅻ和前激肽释放酶的测定。同时，APTT测定可用于肝素治疗监控。

APTT延长：见于凝血因子Ⅱ、Ⅴ、Ⅷ、Ⅸ、Ⅺ、Ⅻ减少，纤维蛋白原缺乏症，纤溶活力增强，抗凝物质存在（如血内肝素含量增加及口服抗凝剂），是监控肝素治疗的重要指标。

APTT缩短：见于高凝状态，血栓性疾病，如心肌梗死、不稳定型心绞痛、脑血管病变、肺梗死、深静脉血栓形成、妊娠高血压综合征和肾病综合征等。

（3）FIB检测的意义　FIB含量升高：见于糖尿病及其酸中毒，动脉粥样硬化，急性传染病，急性肾炎尿毒症，休克，外科术后及轻度肝炎等。

FIB含量降低：见于DIC，原发性纤溶症，重症肝炎，肝硬化等。

（4）TT检测的意义　TT测定是检查受试者血浆纤维蛋白原转变为纤维蛋白能力的过筛试验。

TT延长：见于肝素增多或类肝素物质存在，系统性红斑狼疮，肝病，肾病，低（无）纤维蛋白原血症，异常纤维蛋白原血病（纤维蛋白原机能不良血症），FDP增多，异常球蛋白血症或免疫球蛋白增多等疾病。

6.维护

（1）使用结束后使用75%的酒精棉球擦拭仪器，并用棉签清理检测通道。

（2）每月使用75%的酒精棉球擦拭仪器，并用棉签清理检测通道。

二、全自动生化分析仪使用及维护

1.目的

以Sapphire 600型生化仪为例，规范检验实验室全自动生化分析仪的使用，保证检验结果的准确性。

2.范围

适用于指导检验实验室人员全自动生化分析仪的使用及维护。

3.主要性能介绍

（1）系统类型　全自动，开放式，分立式，急诊优先的生化分析仪。

（2）检测速度　360测试/h。

（3）上机测试数　50+3个ISE（离子选择电极）。

（4）样本量　2～60μL。

（5）试剂量　R1 70～300μL，R2 0或10～300μL。

（6）反应体积　200～600μL。

（7）光学检测　使用全息衍射光栅的单波长和双波长检测（340nm、376nm、415nm、450nm、480nm、505nm、546nm、570nm、600nm、660nm、700nm、750nm）。

反应盘：60个永久性硬质玻璃比色杯。

4.运行条件

（1）环境要求

① 避免阳光直射、尽量避免灰尘。

② 地面水平，承重能力大于150kg，无明显震动。

③ 室内温度15～30℃，室内相对湿度低于80%。

④ 通风良好，分析仪不可直接对着空调吹出的冷气。

⑤ 远离强电磁场。

⑥ 四周至少保留0.5m空间。

⑦ 电源电压稳定，220V AC。

⑧ 操作系统Windows，请勿安装其他后台程序。

（2）仪器状态

① 光源Autospan增益>55。

② 比色杯空白吸光度0.03 ～ 0.1。

③ 系统水压力罐0.9 ～ 1.0bar（1bar=0.1MPa）。

④ 反应盘温度38.5℃ ±0.5℃。

（3）样本要求

① 血清、血浆、尿液。

② 严重溶血，浑浊，凝固可能导致测定结果不可靠。

（4）试剂要求　仪器主电源打开后，试剂盘处于制冷状态。

5.操作步骤

（1）开机

① 确认所有电路已经按照安装步骤连接。

② 检查并在对应的塑料桶中加满蒸馏水或清洗液，清空废液桶。

③ 打开计算机，启动分析仪应用软件。

④ 打开仪器背面的开关。

⑤ 打开仪器侧面的开关（启动应用软件到打开分析仪之间需间隔1min）。

⑥ 按需添加试剂。

（2）样本输入及运行

① 点击主菜单屏幕中“病人输入”【Patient Entry】按钮。

② 添加新病人，点击屏幕上的“添加”【Add】按钮，输入“样本位置”【Samp Pos】、“病人编号”【Patient ID】以及其他信息。点击【TESTS】选择所需测试的项目，被选中的测试名称加亮显示，完成测试项目的选择后，点击【Save】保存。要将某一样本指定为急诊样本，只需在【Patient Entry】屏幕中将【Emergency】区域打勾，然后为样本选择一

个急诊位置（E1 ～ E20或者E46 ～ E50），同一批运行中，急诊样本优先于常规样本。

③ 在主菜单中点击【Run Test】，点击屏幕右下方【Run Monitor】，出现如下三个选项：【Start Pat Run】“开始病人样本运行”；【Start Std Run】“开始定标和质控运行”；【Start Mixed Run】“开始混合运行”，即同时进行样品和质控定标。点击【Start Pat Run】开始病人样本运行。

（3）定标设定及运行

① 点击主屏幕上【Standardisation】，点击【Positions】选择定标液要进行的测试项目，在【Calib Table】中，设定不同项目的标准液的浓度，并选择定标曲线的类型，点击【Save】进行保存。

② 点击主屏幕上【Standardisation】，点击S1 ～ S20中进行定标的位置及项目，点击【Save】进行保存。

③ 在主菜单中点击【Run Test】，点击屏幕右下方【Run Monitor】，点击【Start Std Run】开始定标运行。

（4）质控设定及运行

① 在主菜单中点击【Quality Control】按钮，进入后点击【Control Data】，点击【Add】按钮，输入质控品的名称，选择质控品水平A/B/C及该质控品要进行的测试项目，点击【Save】进行保存。

② 点击【Standardisation】中【Controls】，将要做的质控拖动到C1 ～ C8的位置上。

③ 返回主屏幕，点击【Standardisation】，选择进行质控的位置，点击【Save】进行保存。

④ 在主菜单中点击【Run Test】，点击屏幕右下方【Run Monitor】，点击【Start Std Run】开始质控运行。

（5）结果打印

① 点击主屏幕上【Previous Data】再点击【Patient Report】，用户可以从【Patient ID】中输入ID号进行单个报告打印，也可通过点击【All data patient report for the day】进行全日结果打印，还可以从【Datawise】选择

某一日期的病人报告进行打印。

② 点击【Print Preview】进行打印预览，点击【Print】进行打印。

（6）退出　点击主菜单上【Exit】按钮，点击【YES】开始水保存，点击【NO】不进行水保存，退出系统，关闭仪器电源开关。

6.维护

（1）点击屏幕中【Maintenance】进入维护界面，【Reset】复位，将仪器各个部件初始化到默认位置。

【Photometer】查看和调整不同波长的光度计的增益。

【Cuvette Rinse】比色杯冲洗初始化，比色杯冲洗单元冲洗全部60个比色杯。

【Auto Wash】用外部的洗液清洗比色杯、样本针、试剂针和搅拌棒。

【Water Save】将全部的60个比色杯注满蒸馏水。

【Sample Probe Wash】样本针清洗。

（2）日维护

① 仪器使用当日开始，注满蒸馏水桶，注满清洗液桶，进行比色杯冲洗。

② 仪器使用当日结束，进行比色杯冲洗，设置水保留，清洁试剂仓，清空废液桶，擦拭仪器面板，清洁工作区。

（3）周维护

① 清洁样本条形码阅读器窗口。

② 清洁试剂条形码阅读器窗口。

③ 清洁样本盘和样本仓。

④ 清洁试剂盘和试剂仓。

⑤ 75%酒精清洁各加样针和搅拌棒。

⑥ 75%酒精清洁样本针。

（4）月维护

① 清洁蒸馏水桶和清洗液桶。

② 清洁冲洗排水槽。

③ 用酒精清洁比色杯冲洗单元。

（5）季度维护

① 排干仪器管路，清洁压力罐，更换老化管路。

② 清洁光耦感应器、排风扇及通路上的灰尘。

③ 移动部件上油。

④ 检查Autospan值，对齐灯泡。

⑤ 检查比色杯空白，清洁不干净的比色杯。

⑥ 检查电压及温度设定。

三、尿液分析仪使用及维护

1. 目的

以Clinitek Status型尿液分析仪为例，规范检验实验室尿液分析仪的使用，保证检验结果的准确性。

2. 范围

适用于指导检验实验室人员尿液分析仪的使用及维护。

3. 操作步骤

（1）快速测试

① 确认所有电路已经按照安装步骤连接。

② 按开机按钮，启动分析仪。

③ 确保测试台插件以试纸条测试面朝上。

④ 准备好试纸条、尿液样品和纸巾。

⑤ 将试纸条浸入尿液样本，确认检测垫湿润。

⑥ 立刻移开试纸条，沿容器边缘拖动试纸条。

⑦ 用纸巾吸去多余尿液。

⑧ 检测垫朝上，将试纸条放入测试台通道末端，点击主屏幕上【试条测试】，并输入病人姓名和ID，测试台和试纸条会被自动拉入分析仪。

⑨ Clinitek Status在每次运行测试前都会自动定标，确保仪器在定标时不要移动或碰撞测试台。

⑩ 在定标完成后，试纸条测试开始，屏幕上显示倒计时。

⑪ 在进行试纸条测试时，屏幕上会显示尿液颜色和透明度选项，此时必须用肉眼观察尿液样品，然后选择适当的颜色和透明度。

⑫ 如果设置了自动打印，结果自动打印。

（2）质控测试　Chek-Stix阴性和阳性质控可用于尿液试纸条的日常质量控制，质控方法与标本测试方法相同。

4.清洁维护

每次仪器使用结束后依照下列规定，进行清洁维护。每月依照下列规定进行月维护。

（1）测试台清洗

① 将测试台小心从分析仪中拉出，从测试台中将插件取出，若有必要，将其内部的水排干净。

② 用75%的酒精棉签仔细擦拭测试台。

③ 用软布彻底擦干测试台。

④ 白色定标条朝上，将测试台重新插入分析仪中。

（2）白色定标条的清洁

① 如果白色定标条表面脏污或变色，用蘸有蒸馏水的干净棉签轻轻擦拭。

② 让白色定标条自然干燥，检查其表面有无灰尘、异物、擦伤及磨损。如果白色定标条受损，应更换新的测试台。

四、电解质分析仪使用及维护

1. 目的

以IMS-972 Popular型电解质分析仪为例，规范检验实验室电解质分析仪的使用，保证检验结果的准确性。

2. 范围

适用于指导检验实验室人员电解质分析仪的使用及维护。

3. 试剂

IMS-972系列电解质分析仪主要使用漂移校正液（A）、斜率校正液（B）两种试剂，此外还有冲洗和保养电极用的几种试剂，包括电极内充液（参比用）、电极内充液（普通电极用）、清洗液（C）、活化液（D）、电极清洁液（蛋白酶）、漂移校正液（用于校正仪器）。IMS-972系列电解质分析仪的试剂仅作为体外诊断使用。试剂通常保存在18 ～ 25℃，可冷藏,但严禁冷冻。如果从冰箱内取出,应放置30min以上,使温度达到室温方可上机测定。全部试剂应在有效期内使用。IMS-972系列电解质分析仪通过测定A、B两种校正液的电位值,可计算出钾、钠、氯、钙、锂电极的斜率及pH值,并在仪器内自动建立起一条校正曲线。

4. 操作步骤

（1）开机

① 打开电源开关，置于“ON”位置，仪器的液流分配阀开始转动。

② 仪器内部开始进行系统测试，此时对电源、存储器、打印机进行检查，并让内部电路达到热稳定状态，接着蠕动泵转动。如果在阀转动过程中屏幕显示“阀故障”，表示阀检测器失效，此时阀再转动一圈，如仍然出现此字样（含自动进样盘的机型可能会出现“盘故障”或“针故

障”），则仪器将停止工作。

（2）系统冲洗　当屏幕显示“系统冲洗”，表示仪器正在进行系统冲洗，系统冲洗时仪器依次吸入斜率校正液、漂移校正液对各自流路进行清洗。在系统冲洗期间，用户可观察A、B校正液的流通情况及管道是否有堵塞和漏气现象。

（3）活化　当屏幕显示“插入活化液”时，按如下步骤进行操作。

① 抬起吸样针，取小试管装适量活化液，插入吸样管，轻触一下【YES】键（在吸样过程中，吸样针头部不能露出液面，以免吸入空气），当喇叭响提示移开测试液时，将试管移走，仪器自动将活化液吸入电极内。

② 也可以不抬起吸样针，直接按【YES】键，此时仪器自动吸入漂移校正液进行活化（30min）。屏幕显示“活化”，按【YES】、【NO】键提前退出。

（4）系统标定和自检

① 系统标定：根据情况掌握活化时间，仪器预定的活化时间为30min，操作者也可按【YES】或【NO】键提前进入下一步“系统标定和自检”。仪器通过标定，可以求出各个电极的响应斜率数据储存在机内。另外可以通过两次标定（标A、标B，再标A、标B）对各电极的毫伏值做出比较，从而判断各电极的稳定性。

② 自检：标定完毕后，仪器将自动吸入漂移校正液进行自检，屏幕显示“自检”。如果自检正常，则仪器自动转入下一步测量程序。如果自检不正常，屏幕显示“电极漂移(XX)重标定？”，询问操作者要不要重新定标一次。如需要，则按一下【YES】键，仪器自动再标定一次。如果还是提示电极漂移，应对仪器和电极检查，找出漂移的原因并解决。如自检通过后，则进入下一步程序。

（5）血样测定　系统自检通过后，系统自动进行清洗，屏幕显示“分析样品？”，问用户是否要测定血样。如不需要测定血样，按【NO】键，进入下一个选择。如需测定血清样品，按【YES】键（注意：样品进液温度应为10～30℃)。屏幕显示“等待”，这时泵头在蠕动，不要插入标本，约几秒钟后屏幕显示“插入测试液”。将吸样针插入血样中，注意不要插到凝血里，按【YES】键，仪器自动吸取试样,吸样结束后，仪器会发出蜂鸣声，提醒移去样品，此时屏幕显示“移去测试液”，然后仪器会自动把已进入吸样针中的血样吸入各电极内进行测量。大约30s后，仪器显示钾、钠、氯、钙等离子的浓度和pH值。打印机在自动清洗的同时，自动打印出此次的钾、钠、氯、钙、pH测定结果。

5.仪器保养

(1）使用后保养

① 检查管道及液流系统，确保其通畅。

② 消毒吸样针，倾倒废液。

(2）每周保养

① 每周检查一次测量池，并清洁干涸的溶液及样品，保持测量室的干净。

② 检查参比电极内充液存量，必须保证Ag/AgCl参比电极始终浸入内充液中，如发现内充液减少，可用注射器从参比电极右上方的小孔中加入，并保证小孔畅通。

③ 如地线是接在水管上的，每周需检查一下有无脱落。

④ 每周要使用服务程序中电极去蛋白程序，用加酶去蛋白液［电极清洁液（蛋白酶）+电极清洁液（蛋白酶液)］做一次去蛋白处理。

6.注意事项

(1）操作过程中

① 吸样过程中，注意不要吸到凝血，以免堵塞管道。

② 吸入样品的过程中，不能吸入气泡，否则会引起测量结果不可靠。

③ 不要使用发生霉变和浑浊有沉淀的溶液,一经发现应弃去不用。

④ 测样品达到10～15个，或标定后长时间未测量，要重新标定

一次。

⑤ 各种试剂取完后应立即拧紧瓶口，避免敞口长时间放置。

⑥ 机器使用和进行相应操作填写相应记录。

（2）质控校正过程中

① 做质控校正前，一定要对仪器进行标定使之稳定。

② 严禁使用火焰光度计的标准液作为样品测量，因其中含有较浓的酸及其他添加物，不能用离子电极法测定，否则会引起电极中毒。

③ 并非市售的质控血清都适合离子电极法的测量，有些厂家的质控血清含有较多的添加剂，会干扰离子电极（特别是Cl的测定）。

④ 如果环境温度的变化大于10℃，则需要重新标定一次。

（3）环境方面

① 接地良好。

② 电压稳定，最好接UPS（不间断电源）或稳压电源。

③ 仪器须远离大功率的设备，以免引入电磁干扰。

④ 避免阳光直射。

（4）保养过程中

① 如管道、电极有堵塞现象，应将泵管拿下来用注射器（去掉针头，换上软管）吸蒸馏水反向清洗，让水从吸样针流出。严禁用注射针头穿通电极膜管，损坏电极。

② 电极如长时间不用，应用蒸馏水冲洗干净电极膜管内的残液，密封保存。

③ 电极最好每日进行活化处理。

（5）样品的采集和处理　样品的采集和处理须由专业人员完成,避免溶血影响测量结果。此外，还需注意下列事项：

① 全血样品

a. 全血样品须用肝素钠或肝素锂作为抗凝剂，其他抗凝剂有可能引起测量结果错误。

b. 用肝素抗凝剂预处理试管和注射器，必须均匀、无死角，以免残留的钠造成结果中钠含量的明显升高。

c. 全血样品须及时分析，在样品采集1h内完成，以免样品变化造成误差，测量后应及时清洗管路。

② 血清和血浆样品

a. 贮存于冰箱中的血清和血浆可用来进行分析，但分析前须让其回复到常温。

b. 制备血清样品时，不能添加会造成测量结果错误的物质（如表面活性剂、抗凝剂等），其会干扰测量甚至造成传感器的损坏。

③ 尿样品

a. 测量前须用尿稀释液稀释10倍（1∶9）。

b. 推荐用硼酸作为尿样的防腐剂，以免其他防腐剂对测量造成干扰。

④ 其他。仪器在测量血清状态，如长时间不操作，自动转入待机状态。仪器每两小时左右标定一次，按【YES】键则自动标定一次，然后进入测量样品状态。

五、离心机使用及维护

1.目的

以Sigma3k15离心机为例，规范检验实验室离心机的使用，保证检验结果的准确性。

2.范围

适用于指导检验实验室人员离心机的使用及维护。

3.操作步骤

（1）开机　打开电源开关，按下离心机背部开机键。

（2）配平　打开盖板，小心将待离心试管放入护管内，注意对称两边护管内的物质质量相等，盖上盖板。

（3）转速设置　点击【Edit】键，光标键◀▶进行选择，当【Speed】键亮起，上下变更键▲▼调节所需转速，点击【Enter】键确认。

（4）时间设置　点击【Edit】键，光标键◀▶进行选择，当【Time】键亮起，上下变更键▲▼调节所需时间，点击【Enter】键确认。

（5）温度设置　点击【Edit】键，光标键◀▶进行选择，当【Time】键亮起，点击【时间/温度面板切换】键，【Temperature】键亮起，上下变更键▲▼调节所需温度，点击【Enter】键确认。

（6）开始运行　点击【Start】按钮。

（7）停止运行　按下【Stop】按钮，等旋转停止后，按下【开盖】键打开盖板取出离心管。

（8）关机　工作结束后，关掉电源开关。长时间不用时应拔出电源插头，确保安全。

4.维护

（1）擦拭　每次使用结束后及时取出转子，转子倒扣在桌面上，然后用酒精棉球擦拭机体及转子，使其保持清洁。

（2）润滑　离心管套的销子、转子孔、附件吊篮连接部分在有必要时上润滑油。

（3）清理　离心机后部散热器要进行清理，保持清洁。

5.注意事项

（1）离心机应安全平稳搁放于一个水平面上，保证足够的通风，离心机周围30cm无其他物件。

（2）离心时要预先配平，保持平衡。

（3）禁止离心易燃易爆物品。

（4）注意玻璃离心管的最大转速，当转速大于4000r/min时会有破碎风险。

（5）离心有污染的样品只能在带有密封盖的转子或吊篮中进行。

（6）机器使用和进行相应操作填写相应记录。

六、酶标仪使用及维护

1.目的

以Thermo Multiskan MK3酶标仪为例，规范检验实验室酶标仪的使用，保证检验结果的准确性。

2.范围

适用于指导检验实验室人员规范酶标仪的使用及维护。

3.操作步骤

（1）操作前准备

① 酶标仪应放置在相对稳定、干净的环境中。

② 使用前，操作者需登记。

③ 拿开防尘罩。

④ 检查打印机保证其与酶标仪正确连接。

⑤ 将打印纸正确放入打印机中。

⑥ 接通酶标仪电源（220V/50Hz）并打开电源开关，预热仪器大约1min。当打开电源开关时，仪器会进行自检。载板架移动到检测系统的金属盖下面，仪器开始自检，自检之后，载板架会返回到原来位置。显示屏显示“正在自检”字样，不应出现出错信息。

⑦ 设计测量参数程序（已设计）并检查测量程序是否正确（正确程序：单击【调出】键，显示屏显示“程序号1”，再单击【输入】键，显示“准备时间”），程序1是双波长450nm和630nm。

（2）测量

① 将酶标板正确放置在载板架上，A1孔在左上角。

② 单击【调出】键；再单击【输入】键；接着单击【开始】键，仪器将开始测量。测量过程中酶标板会振荡数秒，二进二出（双波长）。

（3）关机

① 测量完毕后，待打印机打印出结果。

② 取下载板架上的酶标板，将仪器开关按到“OFF”的位置，关闭Multiskan MK3酶标仪。

③ 关闭打印机。

④ 盖上酶标仪防尘罩。

（4）清洁

① 使用完酶标仪应用去离子水或肥皂溶液浸泡的软布或面纸擦拭仪器表面。

② 清洁完毕应盖上防尘罩。

（5）保养

① 经常擦拭仪器外壳（清洁剂不得使用研磨清洗剂）。

② 使用后用防尘罩覆盖仪器。

③ 保持仪器表面无尘、无其他杂物。清洁并保持载板架和传输轨干燥，以防对测量产生干扰。

④ 防止任何液体进入仪器。

⑤ 使用当日及每月进行一次维护。

⑥ 使用、维护、维修应填写相应记录。

参考文献

[1] 鲁会田，郭书忍，赵杰荣. 加强医学高等院校医学检验实验室软件和硬件建设，提高学生综合能力[J]. 中国医学工程，2019，27(01): 111-112.

[2] 张谦，张微，吕晓丽，等. GLP体系下全自动血凝分析仪的3Q验证[J]. 国际检验医学杂志，2016，37(23): 3241-3242，3245.

[3] 贾粟，赵瑞勤，赵君，等. GLP体系下生化分析仪的3Q验证过程及要点[J]. 军事医学，2013，37(10): 752-755.

[4] 张国斌. 酶标仪检测技术应用分析[J]. 中国医疗器械信息，2021，27(21): 158-160.

[5] 齐恒，董晓磊. 提高离心机出口保护环使用寿命的研究[J]. 选煤技术，2023，51(03): 40-44.

第四章 检验实验室人员培训与管理

第一节 培训的基本类型

全面实施药物非临床研究质量管理规范是一项艰巨繁重的系统工程，其中最重要和最关键的环节是人员培训，研究人员的素质、其对GLP规范的认识、专业技术能力是保证GLP质量实施的前提；切实有效、适时、多次的培训环节和手段是确保GLP研究遵循GLP规范及研究方案的重要方式。GLP对人员培训工作必须做到有培训方案，有专业的培训教材，培训过程有考核、有记录。本章通过对当前GLP机构中人员培训分类、培训要求、在GLP机构中的实施及提高GLP人员水平的策略等方面进行讨论，阐明唯有专业、高效的培训才能为GLP机构培养出合格人员，并促进GLP实验室建设及发展。

建立GLP实验室需要一支由管理者、专题负责人、质量监保人员及技术人员等组成的团队，各类人员在GLP机构中扮演重要的角色，必须要求其具备相应的专业知识、实践经验，都需经过全面的培训，保证各方人员符合GLP标准操作规程的要求。

GLP实验室人员的培训类型一般有新员工培训、上岗培训、定期培训、专题培训、集体培训、外部培训、技能培训等，必须通过理论和实践知识考核才能授予GLP机构上岗证。按照培训内容分为专业技术培训、标准操作规程培训、GLP知识培训、专题培训等；按照培训目的分为岗前培训和在岗培训；按照培训范围分为内部培训和外部培训。

1. 专业技术培训

药物非临床安全评价机构通过各种途径，采取各种措施，发展职业培训事业，开发劳动者的职业技能，提高劳动者素质，增强劳动者的就业能力和工作能力。

2. 标准操作规程培训

标准操作规程或标准操作程序（SOP，standard operation procedure），简单来说是如何做、怎么做才能达到预期效果的一个作业指导书，一般分为技术方面的SOP和管理方面的SOP。它是由组织内部自行撰写的一种工作准则，就是将某一事件以文件的形式、统一的格式描述出来的标准操作步骤和要求，主要描述操作人员日常的和重复性工作的操作步骤和应遵守的事项，用来指导和规范日常的工作。其目的在于让操作人员通过相同的程序完成产品或使得操作结果一致。SOP培训是质量体系中不可或缺的部分，也是监督人员用于检查工作的依据；它是用来促进质量一致性和产品完整性的重要文件。

3. GLP知识培训

GLP知识培训即对动物实验进行非临床（非人体）的各种毒性试验，包括单次给药的毒性试验、反复给药的毒性试验、生殖毒性试验、致突变试验、致癌试验、各种刺激性试验、依赖性试验以及与药品安全性评价有关的其他毒性试验的理论知识和操作技能的培训。

4. 专题培训

专题培训是对员工就某个专项课题进行的培训。随着工作要求的逐步提高，有必要对员工进行有计划的单项训练，以扩大员工的知识面，进一步提高员工的专业素质。专题培训的方式和内容可以是灵活多样的，包括：

（1）业务竞赛　可以是知识性的，也可以是操作性的。业务竞赛是激发员工自觉学习、训练和交流的好方法。

（2）专题讲座　可根据工作需要，选一个主题，由本部门员工或聘请其他专业人员来讲授或示范。

（3）系列教程　如通过举办专业学习班，来满足不同员工学习需求，提高员工专业水平。

5.岗前培训

岗前培训是指对新员工进行的导向性培训。其目的是使新员工了解和掌握药物非临床安全评价机构的基本情况，对他们进行职业道德、基础技术理论和实际操作技术、劳动纪律等方面的教育，使他们初步了解药物非临床安全评价机构的工作特点，自觉遵守实验室各项规章制度。具体步骤包括制定培训计划、实施培训和培训后的考核等。

6.在岗培训

在岗培训又称为在岗学习，是指在工作现场内，技能娴熟的员工对普通员工和新员工们对必要的知识、技能、工作方法等进行指导、培训的一种学习方法。它的特点是不离开工作环境，在具体工作中双方一方示范讲解、一方实践学习，有不明之处可以当场询问、补充和纠正。

7.内部培训

内部培训是指药物非临床安全评价机构以自身力量对新募员工或原有员工通过各种方式、手段使其在知识、技能、态度等诸方面有所改进，达到预期标准的过程。由于存在不同的培训对象和不同的培训内容，一般应采取多种培训方式和方法，以求取得好的成效。

8.外部培训

外部培训主要指由药物非临床安全评价机构统筹安排的由外部专业机构提供的培训或会议、特殊岗位必须完成的在职培训、职业/执业资格考证培训和继续教育等。

第二节　培训的基本要求

GLP操作是一条结构精密、协作井然有序的工作链，故必须要求各个环节的工作人员具备研究工作需要的完整的知识结构、工作经验和业务能力，若自身业务能力不足导致实验方案及操作规程不清楚、实验操作不准确等，将直接影响实验材料的真实性、完整性及可靠性，进一步导致对药物的安全性评价不合理。GLP实验室人员必须顺应时代变化，经常接受培训，学习GLP规范制度。尤其是在GLP实验室筹建期，管理者和质量监保人员的作用十分重要，即使在GLP实验室里任专题负责人多年，也须参加相关培训才能调换实验室管理。

GLP实验室人员培训计划包括培训目的、培训内容、培训方式、时间地点、培训教师、受训对象等，培训计划需经GLP机构负责人授权。首先，要注意GLP机构人员培训的实施与工作需求时间及时对应，岗前培训要在入岗前，专题培训要在专题实施前；其次，培训内容要与培训目的、受训对象相匹配，内容可用汇编成册的材料、PPT讲授，视频观看、现场演示等多样化的方式来呈现；最后，培训结束后必须进行培训有效性考核，以确定受训人员达到岗位职责要求，若通过考核则需培训教师、机构负责人和质量管理部门人员同时签字方可授权上岗。

另外，GLP机构的人员培训要有一定的持续性及评价的规范化，即评价实施的每一步竭力做到有据可依、有源可查。GLP 机构的人员只有接受规范、持续的培训，才能在实验中实现药物安全性评价的规范化与一致性。

第三节　人员的考核、培训和资质认定

GLP工作相关的资质考核主要包括专业综合资质和实验技术两方面，前者主要通过全国或省内统一的相关岗位资质考核或培训，后者主要经过

内部培训考核确认。

相关人员需通过的统一资格考试如省级实验动物从业资格（所有动物实验人员及相关人员）和国家兽医资格（实验动物主要管理人员）等，国家食品药品监督管理总局或中国毒理学会举办的GLP相关法规及专业综合培训等培训途径对从业人员综合素质的提高也十分必要。

内部考核和培训分为理论和技术两部分。理论考核和培训主要包括法规知识、标准操作规程、实验方案及专业素质等方面；重要技术的考核和培训主要包括动物实验操作技术等方面。

专业人才评价的统一化与标准化趋势为加强对毒理学从业人员资质认定和执业的规范化，提高人员素质和药物安全性评价的整体水平，与国际接轨。我国近年已在GLP领域逐步筹建或推广一系列符合国际要求的相关资格考试。中国毒理学会自2009年开始举办中国毒理学资格认证考试，每年1次，该项资格认证正在国际毒理学联合会的框架下逐步实现与发达国家的互认。美国（1997年）、日本（2001年）等国已开展QA（质量工程师）从业人员的职业注册考试。中国毒理学会质量保证专业委员会自2009年底开始筹建我国GLP领域QA从业人员的资格认证体系，以利于提高QA从业人员的业务水平，进而提高我国的GLP实施水平。国际毒理病理学家联合会（IFSTP）和国际毒理病理学家学会（IATP)已建立“IFSTP/IATP毒理病理学家”认证办法。为提高我国毒理病理学诊断水平，国内已有起点较高的GLP研究机构牵头举办系列性、面向全国GLP实验室毒理病理学工作者的毒理病理学专题培训提高班，期望作为开展毒性病理学资格认定的良好开端。

参考文献

[1] 胡薏慧, 严华美, 元唯安. 提高药物临床试验安全性评价机构管理的建议[J]. 药物评价研究, 2023, 46(04): 738-742.

[2] 王勇, 缪峰, 吴娴, 等. 药物安全性评价GLP规范与SOP的关系及完善质量体系初探[J]. 药物评价研究, 2022, 45(08): 1684-1688.

[3] 吴国泰, 杜丽东, 王水明, 等. GLP实验室人员培训与管理[J]. 甘肃科技, 2018, 34(20): 94-96.
[4] 蒋嘉烨, 周婉, 周小芳, 等. 基于SOP管理的实验教学质量保障体系构建[J]. 中医药管理杂志, 2023, 31(07): 23-25.
[5] 苏志明, 陆颖, 刘筱嘉, 等. 中药检测实验室风险管理与应对措施[J]. 中国兽药杂志, 2023, 57(10): 67-72.

第五章 检验实验室分析的标准化——全程质量控制

检验实验室的标准化是GLP规范化建设的核心之一，是保证检测数据真实可信、保证其溯源性的基础。但由于我国GLP研究机构对检验实验室的检测分析并没有明确的标准和指导原则，各实验室在分析操作上尚未形成统一的标准，从而影响到检验实验室标准化的统一。建立检验实验室全程质量控制系统，对检验实验室分析标准化的统一，提高我国GLP研究水平，进一步建立健全动物实验室的室内和室间质量控制体系具有重要的意义。检验实验室全程质量控制分为分析前、分析中和分析后质量控制三个部分。

第一节　分析前的质量控制

一、建立检验实验室的组织管理体系

完善的管理体系是一切行业平稳正常运行的基础，GLP的检验实验室也不例外。检验实验室良好的组织和管理体系是实验正常有序、保证数据真实可信、一切稳定运行的关键所在。

（1）检验实验室应是GLP研究体系下，按照GLP法规要求并参考ISO 15189和ISO 17025进行运作的实验室，应具有独立的运行空间和运行体系，并对每项GLP研究负责的实验室。

（2）检验实验室应建立符合GLP法规和ISO 15189和ISO 17025标准

的管理制度，并形成SOP文件。该过程的部分工作内容可借鉴ISO 15189和ISO 17025的已有经验。任何检验实验室的工作人员、实习人员和临时使用检验实验室进行操作的人员均应严格遵守执行。

（3）检验实验室负责人由中心主任任命，在GLP法规要求和本中心SOP要求下对实验室进行管理，全面负责检验实验室的样品检测、人员培训、质量控制、仪器设备运行管理等工作，并对中心主任和每项GLP研究负责。

（4）检验实验室每名工作人员应有明确的分工，各司其职，按照法规、SOP的要求进行样品检测、数据核对和录入、仪器日常维护。

（5）检验实验室人员应该具有医学、检验学背景，熟悉GLP各项法规的要求，了解安全性评价的实验过程，并掌握各类检验仪器的检测、维护、指标分析和SOP的要求，热爱检验工作，吃苦耐劳。经过一段时间的专业培训，专业知识（笔试）和实验技能（操作）考核合格后，方取得检验上岗资格。实验室应建立技术过硬、严谨负责的高素质人员队伍，并保持队伍的稳定性。实验室也应建立在岗培训制度，以保障人员的知识结构和技术水平在实践过程中不断提高。

（6）建立完善的仪器管理体系。应建立健全仪器设备的购置、接收、使用、维护等全过程的管理体系，保证仪器的量程、准确度、精度、不确定度、回收率、灵敏度、线性范围等参数符合有关标准及溯源依据，保证其满足安全性评价样本检测的需要。

（7）建立健全检测流程和体系。建立完整的样品检测全流程的控制体系，包括样品准备、样品处理、采集方式、仪器准备、检测过程等全过程的标准操作体系。

二、实验室环境

检验实验室应该有独立的工作区域，保证良好的电源、照明、通风等工作环境条件，应有利于提高工作质量，同时应符合有关健康、安全的要求（如防火、防水、防毒、防爆等）。

三、检验方法的确证

检验实验室一般只针对动物样本的检测，而市售试剂鲜有专门针对动物指标的试剂，动物和人的样本生物学特点又有很大的差别，如动物的血细胞形态和人有巨大差别，大鼠和犬的总胆红素和γ-GT（γ-谷氨酰转肽酶）等指标含量低于市售试剂的检测下限等。因此必须采用适合动物的检测方法，否则就不会得出可靠的结果。市售试剂用于动物样本检测必须进行方法学确证，包括精密度、准确度、回收率、不确定度、线性范围等的确认。应尽量选用适合或接近动物样本检测原理的试剂，如大鼠总胆红素的测定就不适宜采用较常用的钒酸盐氧化法，而应采用重氮氧化法，并采用仪器的增量检测功能，以提高检测限。

四、与专题负责人、毒性病理人员和其他部门的沟通

安全性评价的课题需要多部门协作完成，某一环节出现问题就可能导致评价研究出现意想不到的问题和困难，因此建立检验部门、专题负责人和病理部门的协调机制非常重要。课题开始前，专题负责人应提前将该课题的检测指标、检测频率和时间及其他要求与检验负责人进行沟通。课题设置常规检测指标以外的特殊指标时，一定要事先和检验人员充分说明，并对该指标设置的必要性和检测的可行性进行确认。同时要给检验人员充足的时间进行试剂的选择和方法学的建立，以保证该指标检测的准确性。

五、样品准备

1.动物禁食时间的选择

禁食时间对某些检测指标有较大的影响。如禁食时间增加可引起ALT（丙氨酸转氨酶）、AST（天冬氨酸转氨酶）、TG（甘油三酯）、TCH（总

胆固醇）、GLU（葡萄糖）的减少，PT（凝血酶原时间）和APTT（活化部分凝血活酶时间）的延长等。每次采血时动物禁食时间的不一致会造成检测指标的系统误差，对结果判定造成影响。因此每次采血均应使禁食时间保持一致，以12 ～ 16h为宜。

2.动物保定方式的选择

采血时对动物保定方式的选择也会影响某些指标的检测结果。对动物采用较粗暴的保定方式既不符合动物的福利，也会使动物肌肉剧烈运动造成某些指标产生较大的变化，如CK（肌酸激酶）增加、T细胞总数减少。采血出血不畅时挤压血管会造成血细胞脆性增加，导致血液易溶血。因此采血时应采用符合动物福利原则的轻柔的保定方式。

3.麻醉剂的选择

对动物采血时常用的麻醉剂有戊巴比妥类、氨基甲酸乙酯和乙醚等。研究表明，不同的麻醉剂对动物的血液生化指标有一定的影响。戊巴比妥钠麻醉的大鼠BUN（尿素氮）偏高，TP（总蛋白）、ALB（白蛋白）、TBIL（总胆红素）偏低；氨基甲酸乙酯麻醉的大鼠GLU偏高，ALT、AST、CK、TP、ALB、TBIL和钠离子偏低；乙醚麻醉的大鼠GLU偏高，ALT、AST、CK、TBIL偏低。因此，使用麻醉剂应尽量统一，避免麻醉剂对动物检测指标的影响而得出错误的结论。

4.抗凝剂的选择

生化指标、血常规测定和凝血指标的测定对抗凝剂及其用量均有相应要求，若错误地使用抗凝剂则将造成检测结果的不准确而影响结果的判断。通常血常规指标检测宜采用EDTA-K2抗凝，凝血指标的测定宜采用枸橼酸钠抗凝。而生化指标的测定宜采用非抗凝的血清，以满足样本长期保存的需要。

5. 采血部位的选择

大鼠采血部位有主动脉、颈外静脉、眼眶、心脏等。各实验室根据各自实际情况分别采用不同的采血途径，至今尚不统一。而不同采血部位对血液生化指标的检测有较大影响，固定采血部位是很有必要的。大鼠主动脉采血血量大，可满足多种样本性质检测的需要，且具有不受其他体液的干扰、血液成分相对稳定的特点，同时也是血气分析的推荐采血途径，因此大鼠采血应尽量采用腹主动脉的采血方式。

6. 标本采集

采血人员采血前应充分了解采样的种类和采集量，采血时应认真核对动物号、组号、采样性质和采集量，采血时应认真观察血液的质量，如发现有可疑溶血或凝血块的情况发生时应重新采集。采血完成后的采血管应有明确的标签做标识，包括动物号、采血日期、样本性质、操作人等。所有样品采集情况应及时详尽记录于采血记录表中，尤其注意记录采血过程中发生的异常情况以备核对。

7. 标本运输和保存

采集完毕的标本应连同标本采集表及时交予检验人员进行标本的后续处理和检测。采样工作量较大时，样品应该分批交予检验人员，以免由于采样时间过长造成检测结果的不准确。样品标本通常宜采用室温条件运输而非冷藏温度。

第二节　分析中的质量控制

检验实验室各种指标的检测严格按照相应的标准操作规程进行，所有操作过程和检测结果均应作为原始数据归档保存。

一、样品处理

检验实验室收到采集完毕的样品后应及时进行处理。样品通常要求在4h之内检测完毕。用于血常规检测的样品应立即混匀后进行检测。混匀操作要充分而轻柔，以免造成标本溶血。用于凝血指标测定的样品应2500 ～ 3000r/min离心后采集乏血小板血浆测定，若离心力不足则血浆中可能混有血小板影响凝血检测结果。非抗凝血样应在采完样后稍做静置，待血清有析出时再进行离心。非抗凝血样忌用冷藏温度进行离心，否则凝血块和血清会发生粘连导致溶血。

二、处理后样品观察

处理后的样品不应马上进行检测，而应观察样品经过处理后是否产生溶血、凝血、脂血、乳糜血等异常情况。若标本出现上述异常情况会造成检测结果异常，有时还会引起仪器管路堵塞等严重后果。因此，样品出现异常情况时应详细记录后弃之不测，有条件者重新采样进行检测。

三、仪器的校准和室内质控

仪器的校准和室内质控是保证样品检测结果准确、分析质量可控的基础，因此仪器的校准和室内质控是检验实验室全程质控的关键环节之一。

（1）仪器的校准　仪器的校准周期应结合该仪器的特点决定，使用开放试剂系统的仪器通常应在每次开机检测前进行校准，使用封闭试剂系统的仪器至少在试剂批号更换时进行校准。校准操作应选择质量稳定可靠、溯源性高的校准品并严格按照说明书及相关SOP执行。

（2）室内质控　质控品通常应选择质量公认、稳定可靠的产品，并严格按照说明书进行操作。禁止使用超过保质期的和超过复溶保存期限的质控品。需要复溶操作的质控品配制时应注意质控品的均匀性，复溶时切忌剧烈震摇以免产生泡沫，影响检测结果。质控测定时应确保质控品与检测标本在相同测定条件下进行。质控品禁止反复冻融使用。质控品应结合本实验室的特点确定靶值。新批号的质控品应当以20次以上独立的测定结果，计算出平均值，以$x \pm 2s$作为暂定靶值范围。以最初20个检测数据和3～5个月质控数据汇集的所有数据计算出平均值，以$x \pm 2s$作为质控品有效期内的常用靶值范围。质控结果通常以Levey-Jennings质控规则作为判断依据，若符合下列情况则为质控合格：95%数据落在$x \pm 2s$内；不能有连续5次结果在x同一侧；不能有 5次结果渐升或渐降；不能连续2个点落$x \pm 2s$以外；不应该有落在$x \pm 3s$以外的点。若出现不符合上述规则的情况则为失控。失控时应填写失控报告单，同时对失控结果要进行回顾、检查、重复测定、重复校准、更换质控品、更换试剂、检查仪器并进行维护保养、维修以保证质控结果合格。

（3）检测过程　虽然现在检测仪器自动化程度较高，但在检测过程中实验人员应全程监控检测过程，随时处理仪器可能出现的各种问题。同批样品检测过程中要保证试剂量的充足，过程中不得随意更换试剂，不同批号的试剂间不得随意匹配。

第三节　分析后的质量控制

一、检测结果的确认和复检

对检测中出现的过高或过低的异常结果应及时判断其原因。如果是由于样品制备的质量问题应及时在记录中标明，并在以后分析中舍弃不用。若检测结果出现超仪器检测上限的结果，应将样品稀释一定倍数后复检，将复检结果乘以稀释倍数作为检测真值。若检测结果异常偏低可能是由于仪器堵塞无法吸样，或由于样品酶活性过高导致试剂底物过度耗竭。仪器堵塞应及时进行清理后对后续样品全部复检，而酶活性过高的样品则应稀释后复检。

二、记录保存和归档

检验测定完成后应及时整理实验记录，认真仔细核对每一个标本的采集、处理、处理后样本质量、检验数据是否存在异常，存在异常者应及时处理，排除药物之外任何干扰因素的影响。仪器打印的检测记录应与其他相关记录一同保存、归档。非规则的实验记录和其他需要裁剪的记录粘贴时应在裁剪处加盖骑缝记录章，粘贴后也应在粘贴处盖章并骑缝签名，保证原始数据的溯源性和安全性。仪器产生的热敏纸性质的原始记录应复印后保存，以免褪色。

三、数据分析和检验报告

检验结果的数据分析首先应舍弃存在质量问题的标本数据，复测数据应按相应处理措施及时还原真实值。认真核对标本采集及处理过程和校准质控数据，排除药物之外其他任何干扰因素的影响。需要时还应按质控数据修正检测结果，以消除历史系统误差对结果判断的影响。数据统计时应按每项指标的分布特点、样本量选定正确的统计方法，符合正态分布的应采用方差分析，对方差分析有显著性差异的采用Student *T*检验。偏态分布的数据应采用数据转化后的参数检验或非参数统计方法，如秩和检验等。定性数据应采用非参数检验。大动物多次采血的统计应采用重复测量的统计方法等。检验数据在确定有意义的指标前应进行组间、给药前后甚至背景历史数据的比较，既要重视统计数据用时也要注重个体数据的对比分析，以免出现假阳性或假阴性的结果判断。检验报告正式成文之前应和长期毒性试验专题负责人、病理负责人就药物的特点、阳性结果的性质进行沟通，以便确定可能潜在的阳性结果和毒性靶器官。

参考文献

[1] 韩刚. GLP条件下临床病理学规范化建设与实践[D]. 北京：中国人民解放军军事医学科学院,

2012.

[2] 孟波, 叶庆. ISO 15189认可规范在分子病理诊断实验室设备管理中的应用[J]. 诊断病理学杂志, 2023, 30(07): 717, 722.

[3] 杜天海, 杨庆先. 病理实验室生物安全现状分析及防护策略探讨[J]. 中国病原生物学杂志, 2022, 17(05): 620-622.

[4] 张涛, 朱玲勤, 郭凤英, 等. 病理学实验室建设与管理模式探讨[J]. 科教导刊, 2021(07): 13-14, 17.

[5] 吴国泰, 杜丽东, 王水明, 等. GLP实验室人员培训与管理[J]. 甘肃科技, 2018, 34(20): 94-96.

第六章

实验动物背景数据库的建立与应用

实验动物的背景数据是指在实验室的饲养、环境和检测条件下，不同性别和年龄的健康动物各项机体指标的正常参考值。病理数据库即实验动物血液生化、凝血、免疫学和尿液等指标的正常参考值。病理学指标是反映机体功能、判断药物对机体影响及毒性反应量效和时效特点的重要参考指标之一，其对异常影响因素的排除、毒性评价、动物饲养环境和质量控制都有重要意义，同时也是室间质量评价的重要环节，也是国际实验室数据互认的重要条件之一。药物研究负责人在判断药物对机体的影响时，不仅需要各给药组的病理学数据与对照组比较，通常还需要与给药前的数据甚至实验室的历史数据进行比对。

以往自动化仪器的普及程度不高，测定方法未能形成标准化，给实验动物背景数据库的建立带来较大困难，这也是我国GLP实验室走向国际的瓶颈之一。随着我国科技的飞速发展和硬件的改善，实验动物病理学背景数据库的建立成为可能。在本章中，以大鼠、小鼠、犬、猴等安全性评价研究中最常用的实验动物为例，将常用动物的基本病理学数据，按不同种属和性别进行统计分析，并确定各指标的正常参考值，为统一实验室检测系统和数据分析方法，进而建立统一的背景数据库，进一步与国际实验室接轨并最终达到数据互认做初步的探索和尝试。

第一节　材料与方法

1. 动物

大鼠、小鼠、犬、猴。

2. 实验分组

所有动物按性别分为雌雄两组。

3. 饲养条件

动物饲养于屏障设施内。大小鼠饲养在树脂鼠盒内，每笼5只，犬和猴饲养于笼内，每笼1只。室温控制在20～25℃，湿度40%～70%，12h照明，12h黑暗，照度150～300lx。自由饮食饮水，饲喂标准膨化饲料。

4. 实验方法

大鼠采用6%的戊巴比妥钠按1mL/kg体重腹腔注射麻醉后，打开腹腔，主动脉穿刺取血，犬和猴分别自前肢静脉取血。非抗凝血和枸橼酸钠抗凝血3000r/min离心后分别取血清和血浆供血液生化和凝血指标测定，EDTA-2K抗凝血混匀后供血液学指标测定。测定指标和分析方法见表6-1和表6-2。

表6-1　血液学检查项目

序号	指标名称	检测方法
1	红细胞数（RBC）	电阻法
2	红细胞压积值（HCT）	电阻法
3	血红蛋白量（HGB）	光电比色法
4	平均红细胞体积（MCV）	（红细胞压积/%)/红细胞数（$10^6/mm^3$）×10
5	平均红细胞血红蛋白含量（MCH）	[血红蛋白/（g/dL)]/红细胞数（$10^6/mm^3$）×10
6	平均红细胞血红蛋白浓度（MCHC）	[血红蛋白/（g/dL)]/（红细胞压积/%）×10
7	白细胞数（WBC）	流式细胞术
8	血小板计数（PLT）	电阻法

续表

序号	指标名称	检测方法
9	淋巴细胞百分数（LY）	荧光染色、流式细胞术
10	嗜中性粒细胞百分数（NEUT）	荧光染色、流式细胞术
11	嗜酸性粒细胞百分数（EOS）	荧光染色、流式细胞术
12	单核细胞百分数（MONO）	荧光染色、流式细胞术
13	嗜碱性粒细胞百分数（BASO）	荧光染色、流式细胞术
14	凝血酶原时间（PT）	凝固法
15	活化部分凝血活酶时间（APTT）	凝固法

表6-2　血清生化和电解质检查项目

序号	指标名称	检测方法
1	天冬氨酸转氨酶（AST）	连续检测法
2	丙氨酸转氨酶（ALT）	连续检测法
3	碱性磷酸酶（ALP）	对硝基苯磷酸二钠、2-氨基-2-甲基丙醇法
4	总胆红素（TBIL）	化学氧化法
5	尿素氮（BUN）	脲酶-谷氨酸脱氢酶法
6	肌酐（CREA）	肌氨酸氧化酶法
7	总蛋白（TP）	双缩脲法
8	白蛋白（ALB）	溴甲酚绿法
9	胆固醇（CHOL）	酶比色法
10	血糖（GLU）	氧化酶法
11	高密度脂蛋白（HDL）	选择性抑制法
12	低密度脂蛋白（LDL）	选择性清除法
13	甘油三酯（TG）	酶比色法
14	钾（K^+）	直接电位法
15	氯（Cl^-）	直接电位法
16	钠（Na^+）	直接电位法
17	二氧化碳（CO_2）	酶速率法

续表

序号	指标名称	检测方法
18	淀粉酶（AMY）	EPS法
19	肌酸激酶（CK）	*N*-乙酰半胱氨酸法
20	乳酸脱氢酶（LDH）	L→P法

第二节　实验结果

检验学指标是反映机体功能性变化的重要指标，是评价药物对机体毒性作用时效性和量效性的重要依据，也是对实验设施和环境及动物质量控制做出评价的重要依据。但由于不同实验室动物品系、饲养环境各异，血液学指标检测方法和条件不同，各个实验室检测结果存在较大差异，至今也没有较权威的实验动物的参考值。因此建立实验室的实验动物背景数据库，对实验室GLP研究的开展和药物毒性评价均具有重要意义。常见的实验动物背景数据库如表6-3～表6-9所示。

表6-3　猕猴实验结果

序号	种类	单位	雄性		雌性	
			下限	上限	下限	上限
1	WBC（白细胞数）	$\times 10^9$/L	2.28	23.51	4.41	21.71
2	RBC（红细胞数）	$\times 10^{12}$/L	4.60	6.39	4.39	6.18
3	HGB（血红蛋白量）	g/L	106.9	152.6	105.3	146.0
4	HCT（红细胞压积值）	%	33.7	47.6	32.5	46.0
5	MCV（平均红细胞体积）	fL	65.3	82.9	65.8	83.0
6	MCH（平均红细胞血红蛋白含量）	pg	20.1	27.2	20.9	26.7
7	MCHC（平均红细胞血红蛋白浓度）	g/L	278.5	360.4	292.6	348.7
8	CHCM（平均血红蛋白浓度）	g/L	284.1	348.3	284.8	343.1
9	CHOL（胆固醇）	pg	20.3	26.4	20.4	26.2
10	RDW（红细胞分布宽度）	%	12.0	15.2	11.8	15.4

续表

序号	种类	单位	雄性		雌性	
			下限	上限	下限	上限
11	HDW（血红蛋白分布宽度）	g/L	18.2	29.0	18.6	28.2
12	PLT（血小板计数）	$\times 10^9$/L	201.6	654.1	222.4	656.9
13	MPV（平均血小板体积）	fL	4.8	10.1	5.2	9.9
14	Retic（网织红细胞比率）	%	0.00	2.58	0.00	2.68
15	Retic（网织红细胞数）	$\times 10^{12}$/L	0.0000	0.1364	0.0016	0.1393
16	NEUT（嗜中性粒细胞百分数）	%	11.67	71.21	10.89	81.60
17	LY（淋巴细胞百分数）	%	24.82	82.24	14.53	82.30
18	MONO（单核细胞百分数）	%	0.55	4.57	0.21	5.39
19	EOS（嗜酸性粒细胞百分数）	%	0.00	2.86	0.00	3.60
20	BASO（嗜碱性粒细胞百分数）	%	0.00	2.98	0.00	2.96
21	LUC（大未染色细胞百分数）	%	0.00	1.56	0.00	1.53
22	PT（凝血酶原时间）	s	7.3	11.8	7.3	11.6
23	APTT（活化部分凝血活酶时间）	s	13.2	21.3	12.1	22.1
24	TP（总蛋白）	g/L	67.9	88.9	66.8	88.7
25	ALB（白蛋白）	g/L	39.0	50.7	37.6	50.1
26	TBIL（总胆红素）	μmol/L	1.5	7.0	1.2	6.9
27	ALP（碱性磷酸酶）	U/L	156	784	143	617
28	GLU（血糖）	mmol/L	2.5	5.7	2.5	5.7
29	BUN（尿素氮）	mmol/L	3.6	10.0	4.2	9.1
30	CREA（肌酐）	μmol/L	27.4	97.0	25.8	92.0
31	TG（甘油三酯）	mmol/L	0.0	0.7	0.0	0.8
32	AST（天冬氨酸转氨酶）	U/L	6	90	5	81
33	ALT（丙氨酸转氨酶）	U/L	0	90	0	93
34	LDH（乳酸脱氢酶）	U/L	82	759	64	685
35	CK（肌酸激酶）	U/L	0	882	0	605
36	AC（阴离子间隙）		1.0	1.8	0.9	1.7

续表

序号	种类	单位	雄性		雌性	
			下限	上限	下限	上限
37	Na^+（钠）	mmol/L	144.04	162.02	145.24	161.18
38	K^+（钾）	mmol/L	3.30	6.31	3.30	6.00
39	Cl^-（氯）	mmol/L	96.08	110.10	97.52	108.97
40	Ca（钙）	mmol/L	2.01	3.09	2.02	3.02
41	P（磷）	mmol/L	1.01	2.65	0.85	2.54
42	GGT（谷氨酰转移酶）	U/L	18	132	17	109

表6-4　犬实验结果

序号	种类	单位	雄性		雌性	
			下限	上限	下限	上限
1	WBC（白细胞数）	$\times 10^9$/L	5.19	14.88	5.69	13.50
2	RBC（红细胞数）	$\times 10^{12}$/L	5.07	7.58	5.42	7.73
3	HGB（血红蛋白量）	g/L	110.9	178.3	123.0	180.1
4	HCT（红细胞压积值）	%	33.7	50.4	36.1	51.6
5	MCV（平均红细胞体积）	fL	60.4	72.7	60.9	72.5
6	MCH（平均红细胞血红蛋白含量）	pg	20.1	25.7	21.0	25.2
7	MCHC（平均红细胞血红蛋白浓度）	g/L	304.3	384.0	318.5	373.7
8	CHCM（平均血红蛋白浓度）	g/L	303.2	395.4	307.5	400.2
9	CHOL（胆固醇）	pg	15.9	28.7	15.5	29.2
10	RDW（红细胞分布宽度）	%	5.9	20.0	5.9	19.8
11	HDW（血红蛋白分布宽度）	g/L	6.1	28.7	6.3	28.0
12	PLT（血小板计数）	$\times 10^9$/L	105.5	522.1	107.5	507.0
13	MPV（平均血小板体积）	fL	0.0	27.5	0.0	26.7
14	Retic（网织红细胞比率）	%	0.00	4.28	0.00	3.93
15	Retic（网织红细胞数）	$\times 10^{12}$/L	0.0000	1.3845	0.0000	1.3874
16	NEUT（嗜中性粒细胞百分数）	%	18.71	87.23	20.61	84.84
17	LY（淋巴细胞百分数）	%	8.08	51.40	10.60	50.80

续表

序号	种类	单位	雄性		雌性	
			下限	上限	下限	上限
18	MONO（单核细胞百分数）	%	0.00	15.16	2.81	8.63
19	EOS（嗜酸性粒细胞百分数）	%	0.00	7.61	0.00	7.49
20	BASO（嗜碱性粒细胞百分数）	%	0.15	1.42	0.11	1.68
21	LUC（大未染色细胞百分数）	%	0.00	1.06	0.00	1.10
22	PT（凝血酶原时间）	s	6.0	9.6	4.6	11.4
23	APTT（活化部分凝血活酶时间）	s	6.4	9.9	6.3	9.8
24	TP（总蛋白）	g/L	46.9	66.9	48.6	66.5
25	ALB（白蛋白）	g/L	25.8	36.6	26.8	37.2
26	TBIL（总胆红素）	μmol/L	0.2	31	0.2	3.2
27	ALP（碱性磷酸酶）	U/L	40	208	21	223
28	GLU（血糖）	mmol/L	4.5	6.5	4.2	6.7
29	BUN（尿素氮）	mmol/L	1.3	6.7	2.0	6.6
30	CREA（肌酐）	μmol/L	25.5	80.7	24.7	83.1
31	TG（甘油三酯）	mmol/L	0.1	0.8	0.1	0.8
32	AST（天冬氨酸转氨酶）	U/L	17	45	17	45
33	ALT（丙氨酸转氨酶）	U/L	10	41	12	38
34	LDH（乳酸脱氢酶）	U/L	12	166	10	170
35	CK（肌酸激酶）	U/L	36	525	54	470
36	AG（阴离子间隙）		0.8	1.7	0.9	1.6
37	Na^+（钠）	mmol/L	144.59	152.75	139.55	154.73
38	K^+（钾）	mmol/L	4.17	5.43	3.99	5.37
39	Cl^-（氯）	mmol/L	100.65	110.86	99.40	112.90
40	Ca（钙）	mmol/L	2.26	3.53	2.27	3.52
41	P（磷）	mmol/L	1.48	2.79	1.32	2.74
42	GGT（谷氨酰转移酶）	U/L	0	7	0	9

表6-5 大鼠实验结果

序号	种类	单位	雄性		雌性	
			下限	上限	下限	上限
1	WBC（白细胞数）	$\times 10^9$/L	2.00	11.32	1.13	8.92
2	RBC（红细胞数）	$\times 10^{12}$/L	6.61	8.52	6.39	8.03
3	HGB（血红蛋白量）	g/L	140.1	157.2	135.8	158.6
4	HCT（红细胞压积值）	%	38.1	47.0	37.6	43.6
5	MCV（平均红细胞体积）	fL	48.2	64.6	49.5	63.4
6	MCH（平均红细胞血红蛋白含量）	pg	18.1	21.2	18.3	22.6
7	MCHC（平均红细胞血红蛋白浓度）	g/L	315.9	388.1	334.3	391.6
8	CHCM（平均血红蛋白浓度）	g/L	299.9	391.8	313.6	384.0
9	CHOL（胆固醇）	pg	17.4	21.4	18.1	21.0
10	RDW（红细胞分布宽度）	%	11.0	14.9	10.3	14.8
11	HDW（血红蛋白分布宽度）	g/L	22.0	34.3	20.0	32.5
12	PLT（血小板计数）	$\times 10^9$/L	293.0	1307.8	146.1	1416.7
13	MPV（平均血小板体积）	fL	6.4	18.7	4.9	21.3
14	Retic（网织红细胞比率）	%	1.44	3.76	0.93	4.83
15	Retic（网织红细胞数）	$\times 10^{12}$/L	0.1072	0.2844	0.0833	0.3277
16	NEUT（嗜中性粒细胞百分数）	%	13.95	33.45	8.89	33.00
17	LY（淋巴细胞百分数）	%	58.97	80.27	60.10	83.38
18	MONO（单核细胞百分数）	%	1.00	3.55	1.03	3.98
19	EOS（嗜酸性粒细胞百分数）	%	0.32	4.95	0.26	5.53
20	BASO（嗜碱性粒细胞百分数）	%	0.00	3.32	0.00	3.74
21	LUC（大未染色细胞百分数）	%	0.02	1.14	0.05	1.37
22	PT（凝血酶原时间）	s	13.4	172.0	13.8	16.0
23	APTT（活化部分凝血活酶时间）	s	11.5	20.1	8.6	20.2
24	TP（总蛋白）	g/L	51.2	60.1	51.3	64.5
25	ALB（白蛋白）	g/L	25.3	33.2	28.9	35.3
26	TBIL（总胆红素）	μmol/L	0.3	2	0.9	2.7

续表

序号	种类	单位	雄性		雌性	
			下限	上限	下限	上限
27	ALP（碱性磷酸酶）	U/L	26	143	1	102
28	GLU（血糖）	mmol/L	4.7	9.0	3.7	8.6
29	BUN（尿素氮）	mmol/L	3.9	6.9	4.4	8.2
30	CREA（肌酐）	μmol/L	22.2	52.0	32.5	54.2
31	TG（甘油三酯）	mmol/L	0	1.8	0.0	1.1
32	AST（天冬氨酸转氨酶）	U/L	65	167	62	161
33	ALT（丙氨酸转氨酶）	U/L	18	41	12	39
34	LDH（乳酸脱氢酶）	U/L	475	1585	374	1243
35	CK（肌酸激酶）	U/L	94	604	50	552
36	AG（阴离子间隙）		0.7	1.5	0.9	1.6
37	Na^+（钠）	mmol/L	137.05	141.44	133.88	142.62
38	K^+（钾）	mmol/L	3.41	5.03	3.24	4.38
39	Cl^-（氯）	mmol/L	102.97	109.42	66.18	140.46
40	Ca（钙）	mmol/L	2.03	2.86	1.96	3.00
41	P（磷）	mmol/L	1.18	4.49	0.57	4.47
42	GGT（谷氨酰转移酶）	U/L	—	—	—	—

表6-6　SD大鼠实验结果

序号	种类	单位	雄性		雌性	
			下限	上限	下限	上限
1	WBC（白细胞数）	$\times 10^9$/L	2.20	11.31	0.90	9.37
2	RBC（红细胞数）	$\times 10^{12}$/L	5.93	9.04	5.93	8.49
3	HGB（血红蛋白量）	g/L	123.5	166.8	114.2	168.0
4	HCT（红细胞压积值）	%	34.2	49.3	32.8	46.9
5	MCV（平均红细胞体积）	fL	47.7	64.4	47.9	63.0
6	MCH（平均红细胞血红蛋白含量）	pg	12.9	26.4	16.6	22.6
7	MCHC（平均红细胞血红蛋白浓度）	g/L	247.8	453.4	316.7	392.0

续表

序号	种类	单位	雄性		雌性	
			下限	上限	下限	上限
8	CHCM（平均血红蛋白浓度）	g/L	327.4	383.3	333.5	386.8
9	CHOL（胆固醇）	pg	17.0	22.6	17.3	22.6
10	RDW（红细胞分布宽度）	%	10.9	15.2	10.0	15.4
11	HDW（血红蛋白分布宽度）	g/L	18.8	40.2	19.8	35.8
12	PLT（血小板计数）	$\times 10^9$/L	557.0	1427.0	564.4	1431.4
13	MPV（平均血小板体积）	fL	2.0	14.0	2.8	12.3
14	Retic（网织红细胞比率）	%	0.82	4.50	0.33	4.89
15	Retic（网织红细胞数）	$\times 10^{12}$/L	0.0714	0.3200	0.0002	0.3774
16	NEUT（嗜中性粒细胞百分数）	%	4.79	29.84	3.34	24.63
17	LY（淋巴细胞百分数）	%	64.08	92.56	69.32	93.66
18	MONO（单核细胞百分数）	%	0.00	3.79	0.35	3.17
19	EOS（嗜酸性粒细胞百分数）	%	0.38	2.59	0.11	3.11
20	BASO（嗜碱性粒细胞百分数）	%	0.00	1.07	0.00	0.64
21	LUC（大未染色细胞百分数）	%	0.00	1.62	0.00	2.55
22	PT（凝血酶原时间）	s	13.3	17.9	12.8	18.6
23	APTT（活化部分凝血活酶时间）	s	13.0	22.2	10.2	17.7
24	TP（总蛋白）	g/L	48.4	61.1	51.6	70.1
25	ALB（白蛋白）	g/L	26.1	35.7	29.4	41.6
26	TBIL（总胆红素）	μmol/L	0.6	2.1	0.1	3.7
27	ALP（碱性磷酸酶）	U/L	0	471	0	243
28	GLU（血糖）	mmol/L	3.4	8.4	4.1	7.5
29	BUN（尿素氮）	mmol/L	3.1	7.6	3.3	10.4
30	CREA（肌酐）	μmol/L	0.0	76.6	0.5	74.4
31	TG（甘油三酯）	mmol/L	0.0	0.9	0.0	0.9
32	AST（天冬氨酸转氨酶）	U/L	28	162	28	142
33	ALT（丙氨酸转氨酶）	U/L	5	59	4	52

续表

序号	种类	单位	雄性		雌性	
			下限	上限	下限	上限
34	LDH（乳酸脱氢酶）	U/L	0	1473	0	1419
35	CK（肌酸激酶）	U/L	0	861	0	801
36	AG（阴离子间隙）		0.9	1.8	1.0	1.9
37	Na^+（钠）	mmol/L	138.77	154.21	138.85	154.08
38	K^+（钾）	mmol/L	3.01	5.03	3.11	4.62
39	Cl^-（氯）	mmol/L	90.63	111.87	91.96	110.23
40	Ca（钙）	mmol/L	1.97	2.63	2.24	2.70
41	P（磷）	mmol/L	2.26	3.00	1.50	3.06
42	GGT（谷氨酰转移酶）	U/L	—	—	—	—

表6-7　Balb/c小鼠实验结果

序号	种类	单位	雄性		雌性	
			下限	上限	下限	上限
1	WBC（白细胞数）	$\times 10^9$/L	0.00	4.10	0.19	4.46
2	RBC（红细胞数）	$\times 10^{12}$/L	7.96	10.59	8.57	10.40
3	HGB（血红蛋白量）	g/L	126.8	162.7	120.5	176.5
4	HCT（红细胞压积值）	%	38.6	49.8	39.6	49.7
5	MCV（平均红细胞体积）	fL	42.6	52.6	43.2	51.3
6	MCH（平均红细胞血红蛋白含量）	pg	14.6	16.7	12.6	18.8
7	MCHC（平均红细胞血红蛋白浓度）	g/L	289.4	368.6	265.5	401.3
8	CHCM（平均血红蛋白浓度）	g/L	277.4	356.2	279.0	365.2
9	CHOL（胆固醇）	pg	13.9	16.1	13.5	16.7
10	RDW（红细胞分布宽度）	%	12.8	17.1	13.4	15.2
11	HDW（血红蛋白分布宽度）	g/L	19.5	29.3	15.4	33.5
12	PLT（血小板计数）	$\times 10^9$/L	682.5	1478.5	643.3	1375.2
13	MPV（平均血小板体积）	fL	2.8	11.4	3.2	10.9
14	Retic（网织红细胞比率）	%	0.55	5.14	0.90	4.45

续表

序号	种类	单位	雄性		雌性	
			下限	上限	下限	上限
15	Retic（网织红细胞数）	$\times 10^{12}$/L	0.0531	0.4738	0.0917	0.4142
16	NEUT（嗜中性粒细胞百分数）	%	8.70	68.91	11.05	52.05
17	LY（淋巴细胞百分数）	%	29.13	86.61	42.27	85.58
18	MONO（单核细胞百分数）	%	0.00	1.34	0.00	0.84
19	EOS（嗜酸性粒细胞百分数）	%	0.00	6.62	0.00	7.03
20	BASO（嗜碱性粒细胞百分数）	%	0.00	4.17	0.00	4.38
21	LUC（大未染色细胞百分数）	%	0.00	1.87	0.00	1.70
22	PT（凝血酶原时间）	s	—	—	—	—
23	APTT（活化部分凝血活酶时间）	s	—	—	—	—
24	TP（总蛋白）	g/L	37.8	54.6	37.1	57.8
25	ALB（白蛋白）	g/L	21.2	33.3	20.7	37.4
26	TBIL（总胆红素）	μmol/L	0.8	2.8	0.2	2.4
27	ALP（碱性磷酸酶）	U/L	49	132	58	140
28	GLU（血糖）	mmol/L	4.3	10.4	3.0	9.3
29	BUN（尿素氮）	mmol/L	2.9	15.3	3.5	10.3
30	CREA（肌酐）	μmol/L	0.0	29.5	0.0	33.4
31	TG（甘油三酯）	mmol/L	0.1	0.9	0.1	1.0
32	AST（天冬氨酸转氨酶）	U/L	20	159	43	121
33	ALT（丙氨酸转氨酶）	U/L	5	55	10	42
34	LDH（乳酸脱氢酶）	U/L	127	672	40	755
35	CK（肌酸激酶）	U/L	0	390	0	497
36	AG（阴离子间隙）		1.1	1.8	1.1	2.2
37	Na^+（钠）	mmol/L	146.12	160.44	146.91	156.03
38	K^+（钾）	mmol/L	3.32	5.45	3.40	4.68
39	Cl^-（氯）	mmol/L	113.86	139.14	120.03	130.91
40	Ca（钙）	mmol/L	1.71	2.07	0.69	3.03

续表

序号	种类	单位	雄性		雌性	
			下限	上限	下限	上限
41	P（磷）	mmol/L	1.45	3.96	2.23	3.39
42	GGT（谷氨酰转移酶）	U/L	—	—	—	—

表6-8 C57小鼠实验结果

序号	种类	单位	雄性		雌性	
			下限	上限	下限	上限
1	WBC（白细胞数）	$\times 10^9$/L	0.33	12.80	2.15	4.98
2	RBC（红细胞数）	$\times 10^{12}$/L	8.87	12.45	8.79	11.82
3	HGB（血红蛋白量）	g/L	118.3	195.7	143.7	176.9
4	HCT（红细胞压积值）	%	48.4	71.4	46.4	62.9
5	MCV（平均红细胞体积）	fL	51.9	60.4	51.5	54.5
6	MCH（平均红细胞血红蛋白含量）	pg	11.7	17.8	14.7	16.5
7	MCHC（平均红细胞血红蛋白浓度）	g/L	209.1	316.7	274.4	313.3
8	CHCM（平均血红蛋白浓度）	g/L	243.3	299.1	273.9	302.7
9	CHOL（胆固醇）	pg	14.6	15.7	14.8	15.6
10	RDW（红细胞分布宽度）	%	12.3	16.5	11.8	13.6
11	HDW（血红蛋白分布宽度）	g/L	14.9	21.7	17.3	21.3
12	PLT（血小板计数）	$\times 10^9$/L	725.5	1329.6	753.1	1192.6
13	MPV（平均血小板体积）	fL	4.3	6.2	4.5	5.4
14	Retic（网织红细胞比率）	%	1.96	6.77	2.02	4.38
15	Retic（网织红细胞数）	$\times 10^{12}$/L	0.2646	0.6531	0.2274	0.4289
16	NEUT（嗜中性粒细胞百分数）	%	0.00	59.28	9.93	49.30
17	LY（淋巴细胞百分数）	%	34.64	101.61	44.61	81.47
18	MONO（单核细胞百分数）	%	0.32	3.10	0.23	3.37
19	EOS（嗜酸性粒细胞百分数）	%	0.71	4.00	1.32	4.11
20	BASO（嗜碱性粒细胞百分数）	%	0.00	0.94	0.06	1.09
21	LUC（大未染色细胞百分数）	%	0.76	1.57	0.00	4.73

续表

序号	种类	单位	雄性		雌性	
			下限	上限	下限	上限
22	PT（凝血酶原时间）	s	—	—	—	—
23	APTT（活化部分凝血活酶时间）	s	—	—	—	—
24	TP（总蛋白）	g/L	53.5	70.8	51.6	65.4
25	ALB（白蛋白）	g/L	29.5	38.2	29.5	37.3
26	TBIL（总胆红素）	μmol/L	0.0	7.3	1.5	2.9
27	ALP（碱性磷酸酶）	U/L	105	254	100	186
28	GLU（血糖）	mmol/L	5.3	10.6	5.1	85
29	BUN（尿素氮）	mmol/L	4.6	12.8	5.0	10.3
30	CREA（肌酐）	μmol/L	10.3	25.4	9.6	21.3
31	TG（甘油三酯）	mmol/L	0.3	1.2	0.4	0.7
32	AST（天冬氨酸转氨酶）	U/L	112	215	93	254
33	ALT（丙氨酸转氨酶）	U/L	13	42	4	37
34	LDH（乳酸脱氢酶）	U/L	127	1001	253	946
35	CK（肌酸激酶）	U/L	267	1831	15	1687
36	AG（阴离子间隙）		1.0	1.4	1	1.6
37	Na^+（钠）	mmol/L	—	—	—	—
38	K^+（钾）	mmol/L	—	—	—	—
39	Cl^-（氯）	mmol/L	—	—	—	—
40	Ca（钙）	mmol/L	1.58	2.67	1.57	2.66
41	P（磷）	mmol/L	2.73	4.70	1.98	4.52
42	GGT（谷氨酰转移酶）	U/L	—	—	—	—

表6-9　昆明小鼠实验结果

序号	种类	单位	雄性		雌性	
			下限	上限	下限	上限
1	WBC（白细胞数）	$\times 10^9$/L	0.24	3.49	1.64	3.77
2	RBC（红细胞数）	$\times 10^{12}$/L	6.60	10.73	6.89	10.87
3	HGB（血红蛋白量）	g/L	116.2	163.4	121.9	168.6

续表

序号	种类	单位	雄性		雌性	
			下限	上限	下限	上限
4	HCT（红细胞压积值）	%	38.0	51.4	37.9	53.9
5	MCV（平均红细胞体积）	fL	43.9	60.0	45.9	58.0
6	MCH（平均红细胞血红蛋白含量）	pg	13.7	18.7	13.7	19.2
7	MCHC（平均红细胞血红蛋白浓度）	g/L	277.7	347.7	276.0	358.3
8	CHCM（平均血红蛋白浓度）	g/L	232.4	347.7	267.7	317.3
9	CHOL（胆固醇）	pg	12.2	17.7	13.4	16.9
10	RDW（红细胞分布宽度）	%	8.6	22.6	9.7	19.6
11	HDW（血红蛋白分布宽度）	g/L	9.4	37.1	11.8	31.4
12	PLT（血小板计数）	$\times 10^9$/L	817.5	1350.0	500.3	1323.6
13	MPV（平均血小板体积）	fL	1.5	9.5	2.7	8.1
14	Retic（网织红细胞比率）	%	0.00	12.57	0.00	11.99
15	Retic（网织红细胞数）	$\times 10^{12}$/L	0.0000	0.9193	0.0000	0.9187
16	NEUT（嗜中性粒细胞百分数）	%	1.35	40.08	0.00	30.91
17	LY（淋巴细胞百分数）	%	56.70	95.33	62.80	98.68
18	MONO（单核细胞百分数）	%	0.04	1.48	0.00	2.46
19	EOS（嗜酸性粒细胞百分数）	%	0.00	4.81	0.00	6.39
20	BASO（嗜碱性粒细胞百分数）	%	0.00	0.19	0.00	0.44
21	LUC（大未染色细胞百分数）	%	0.00	0.69	0.00	0.91
22	PT（凝血酶原时间）	s	—	—	—	—
23	APTT（活化部分凝血活酶时间）	s	—	—	—	—
24	TP（总蛋白）	g/L	39.7	54.2	37.2	55.4
25	ALB（白蛋白）	g/L	21.9	29.4	22.6	32.5
26	TBIL（总胆红素）	μmol/L	1.2	4.5	1.1	3.1
27	ALP（碱性磷酸酶）	U/L	31	230	29	353
28	GLU（血糖）	mmol/L	6.0	12.2	7.9	14.3
29	BUN（尿素氮）	mmol/L	5.7	21.6	2.8	11.3

续表

序号	种类	单位	雄性		雌性	
			下限	上限	下限	上限
30	CREA（肌酐）	μmol/L	1.9	28.1	8.7	22.9
31	TG（甘油三酯）	mmol/L	0.2	1.2	0.5	2.0
32	AST（天冬氨酸转氨酶）	U/L	27	94	40	97
33	ALT（丙氨酸转氨酶）	U/L	4	36	1	40
34	LDH（乳酸脱氢酶）	U/L	0	702	0	611
35	CK（肌酸激酶）	U/L	0	450	0	604
36	AG（阴离子间隙）		1.0	1.5	1.1	1.9
37	Na^+（钠）	mmol/L	—	—	—	—
38	K^+（钾）	mmol/L	—	—	—	—
39	Cl^-（氯）	mmol/L	—	—	—	—
40	Ca（钙）	mmol/L	—	—	—	—
41	P（磷）	mmol/L	—	—	—	—
42	GGT（谷氨酰转移酶）	U/L	—	—	—	—

参考文献：

[1] 张丽军，陈大洋，豆小文，等. 临床实验室信息化管理平台的设计与应用[J]. 临床检验杂志，2022, 40(10): 746-749.

[2] 陈大洋，韩心远，李敏，等. 临床实验室检验标本不合格标识的管理实践[J]. 临床检验杂志，2022, 40(10): 750-752.

[3] 王梦颖，崔小宇，韩睿婧. 检验检测实验室标准方法验证工作程序浅析[J]. 中国标准化，2022, (16): 152-156.

[4] 李向威. 检验检测实验室质量控制实施探讨[J]. 中国检验检测，2022, 30(03): 46-47, 22.

[5] 江黎丽，戚作秋，李蓉华，等. 检验检测实验室安全管理对策探讨[J]. 现代职业安全，2022, (04): 54-55.

第七章

检验实验室标准操作规程示例

一、检验部工作制度及人员职责

1. 目的

规范检验部工作制度，明确人员职责，保证本部门工作有序高效开展。

2. 范围

适用于检验部全体人员。

3. 操作规程

（1）检验部工作制度

① 原始记录填写制度

a. 实验数据要保持完整性。

b. 要用专用的记录表格填写检验全过程，按此记录出具检验结果，字迹清晰、工整。

c. 检验记录要按计量法规单位填写。

d. 操作者必须在检验记录单和检验结果单上签字，并对记录结果负责。

② 药品、试剂、玻璃仪器、仪器管理制度

a. 对常用药品和玻璃器皿，要存放整齐，标签要清晰。

b. 各种药品及试剂要分类保管。

c. 仪器设备要由使用人员和管理人员一起验收，合格后方可使用并建立仪器登记。

d. 仪器发生故障或损坏等情况立即报告管理人员。

e. 定期对仪器设备的使用情况及安全情况进行检查，对不能使用的仪器设备提出报废申请。对法定的强制检定的器具要定期检定，取得检定证书，不合格计量器具上报中心。

③ 检验制度

a. 样品按标准方法取样，取样后及时检验，防止样品品质发生变化。

b. 在检验过程中，样品由检验人员保管，保持样品不被污染直至检验结束。

c. 发现异常数据后要进行仪器装置、操作步骤的检查，分析查明原因，及时正确处理。

④ 保密制度

a. 本部门的业务技术水平、技术工作计划、检测仪器设备技术条件、非标准检验方法以及其他涉及本实验室权益的技术资料属于保密范围。

b. 属于保密范围内的技术资料和文件，由有关人员传阅和处理，不得擅自复制或私自转借外单位人员。

⑤ 卫生安全制度

a. 实验室每天要清扫，保持整洁卫生，仪器设备要布局合理，保持干净。

b. 检验用的样品要存放整齐，不可乱堆乱放。

c. 浓酸、浓碱严禁直接倒入水池，以防堵塞腐蚀下水管。

d. 对血液污染的地面、台面要先用消毒液消毒，再擦拭干净，各种废物要丢到指定的污桶中。

e. 检验工作结束后，操作人员应洗手消毒，对室内进行全面清理、擦拭和消毒，并做好安全检查，方可离开实验室。

（2）检验部人员职责

① 热爱本职工作，遵守本室及中心各项规章制度。

② 严格执行实验室生物安全通用规定，工作人员要熟悉生物安全操作知识和消毒技术。

③ 工作认真负责，严格执行部门质量管理控制程序。

④ 做好室内质控工作，保证检测结果准确无误，杜绝差错事故的发生。

⑤ 严格执行卫生安全制度。

⑥ 严格执行医用废弃物处理条例。

⑦ 做好本部门的记录统计工作。

⑧ 按时参加本部门举办的各类培训。

⑨ 按规定写好工作总结。

二、检验部岗位职责

1. 目的

规范检验部工作制度，明确岗位职责，保证本部门工作有序高效开展。

2. 范围

适用于检验部全体人员。

3. 操作规程

（1）检验部负责人岗位职责

① 在机构负责人领导下，负责本部门的质量管理、教学、科研工作，定期向机构负责人汇报工作。

② 负责本部门人员的工作安排、休假、培训及考核。

③ 负责部门内资料的登记、统计和财产保管工作。

④ 制定本部门的管理文件，组织编写本部门检验项目操作手册，检查执行情况。

⑤ 负责本部门的内务、安全管理，试剂和日用品的订购、使用和保

管；有计划地订购本专业所需的试剂与耗材，并对其性能进行评价。

⑥ 了解本部门人员思想活动并向机构负责人汇报，在权限范围内解决本部门人员思想问题，协调关系，保持良好的工作氛围。

⑦ 安排本部门专业技术人员的岗位和制定岗位职责。

⑧ 制定本部门内质量控制策略，审阅室内质控数据，分析失控原因，制定改进措施，评价质控策略的合理性、有效性。

⑨ 负责拟定有关实验室建设方案，组织编写作业指导书和精密仪器的维护、保养程序，并经常检查执行情况。

（2）检验部部门成员岗位职责

① 负责本部门实验室实验技术工作。

② 熟悉本部门各种仪器原理、性能和使用方法，协同负责人制定操作规程和质量控制措施，承担与本实验室有关的技术开发工作。

③ 承担学生教学、指导和培养等工作，并负责其技术考核。

④ 负责进行本部门室内质量控制，总结室内质控情况，并认真填写失控报告。

⑤ 负责执行并监督本部门室内质控操作情况，包括室内质控是否按要求执行，是否在检测标本前执行，对失控是否及时分析、采取纠正措施及记录情况。

⑥ 负责执行并监督本部门仪器的维护保养和使用运行情况并填写相关记录。

⑦ 负责执行并监督本部门各种日志执行情况和各种记录是否完善。

三、检查各样本采集、接收、拒收、保存、废弃操作规程

1.目的

规范检验部和相关科室检查各样本采集、接收、拒收、保存、废弃工作流程。

2. 范围

适用于指导检验部和相关科室人员对血液、尿液或其他体液样本的采集、检测、接收、拒收、保存和废弃。

3. 血液标本的采集

（1）实验材料准备　采血针，真空采血管，剪刀，刀片，酒精棉球，碘酒，玻璃毛细管等。

（2）大鼠与小鼠的采血

① 眼眶静脉丛采血：当需用中等量的血液，而又避免动物死亡时采用本法。左手拇指及食指紧紧握住大鼠或小鼠颈部，压迫颈部两侧使眶后静脉丛充血，但用力要恰当，防止动物窒息死亡。右手持玻璃毛细管从右眼或左眼内眦部以45°角刺入，刺入深度小鼠约2～3mm，大鼠4～5mm。若遇阻力稍后退调整角度后再刺入，如穿刺适当，血液能自然流入毛细管内。得到所需的血量后，立即除去加于颈部的压力，拔出毛细管，用干棉球压迫止血。

② 腹主动脉采血：用手术剪刀沿腹正中线剪开腹腔。操作者右手持采血针，针尖斜面朝上，朝向心端方向刺入，采血针另一端插入真空采血管即可，可以反复采集多管的血样进行不同项目的测试。

（3）豚鼠采血法

① 股动脉采血：将动物仰位固定在手术台上，剪去腹股沟区的毛，麻醉后，局部用碘酒消毒。切开长约2～3cm的皮肤，使股动脉暴露及分离。操作者右手持采血针，针尖斜面朝下刺入血管，采血针另一端插入真空采血管即可，可以反复采集多管的血样进行不同项目的测试。

② 背中足静脉取血：操作者将动物脚背面用酒精消毒，找出背中足静脉后，以左手的拇指和食指拉住豚鼠的趾端，右手拿采血针刺入静脉，采血针另一端插入真空采血管即可。采血后，用纱布或脱脂棉压迫止血。反复采血时，两后肢交替使用。

（4）兔采血法　耳静脉采血：将耳静脉部位的毛除去，用75%酒精局部消毒，待干。用手指轻轻摩擦兔耳，使静脉扩张，一名操作者将兔子固定避免剧烈活动，另一名操作者右手拿采血针刺入静脉，采血针另一端插入真空采血管即可，取血完毕用棉球压迫止血。

（5）狗采血法　后肢外侧小隐静脉和前肢内侧皮下头静脉采血：后肢外侧小隐静脉在后肢胫部下1/3的外侧浅表的皮下，由前侧方向后行走。抽血前，由助手将狗固定好。将抽血部位的毛剪去，用碘酒或酒精消毒皮肤。采血者左手拇指和食指握紧剪毛区上部，使下肢静脉充盈，右手拿采血针刺入静脉，采血针另一端插入真空采血管即可。采集前肢内侧皮下头静脉血时，操作方法基本与上述相同。

4.尿液标本的采集

（1）实验材料准备　尿杯，大小鼠、豚鼠代谢笼，狗、兔代谢笼。

（2）代谢笼采集尿液　代谢笼用于收集实验动物自然排出的尿液，是一种特别设计的为采集实验动物各种排泄物的密封式饲养笼。样本采集前，动物禁食过夜，自由饮水，于代谢笼内收集特定时间或某段时间尿液。

（3）压迫膀胱采集尿液　实验人员用手在实验动物下腹部加压，手法既轻柔又有力。当增加的压力使实验动物膀胱括约肌松弛时，尿液会自动流出，即行收集。

（4）收集尿液的注意事项

① 尿液收集器必须保证粪尿分开，防止粪便污染尿液。标本容器务必洁净，其容量视动物而定。

② 标本收集后，须在新鲜时进行检验，若需放置时间较久，则须储放在冰箱或加入适当的防腐剂。

③ 分析尿液中金属离子时，代谢笼等应避免用金属材料制成，集尿容器最好用聚乙烯材质的。

④ 为了满足实验所需尿量，在收集尿液前，可灌喂适量的水。

5.骨髓标本的采集

（1）大小鼠、豚鼠骨髓采集　取事先标号的干净载玻片，然后摘取完整的大鼠、小鼠或豚鼠股骨，剔除干净附着肌肉，用骨钳剪掉股骨两端，使骨髓暴露，用注射器吸取适量胎牛血清，将注射器针头插入股骨一端，推动活塞，股骨另一端接1.5mL离心管，冲洗完毕后，用注射器在离心管中抽吸混匀，吸取离心管中适量液体于载玻片上，然后取出另一片干净的玻片作为推片，与玻片形成30°～60°夹角（骨髓液较浓时角度要小些，骨髓液较稀时角度要大些），由一侧向另一侧用力均匀地推出，在空气中晃动几次使玻片迅速干燥。

（2）狗、兔骨髓采集方法　狗、兔等大动物骨髓的采集可采取活体穿刺方法。先将动物麻醉、固定、局部除毛、消毒皮肤，然后估计好皮肤到骨髓的距离，把骨髓穿刺针的长度固定好。操作人员用左手把穿刺点周围的皮肤绷紧，右手将穿刺针在穿刺点垂直刺入，穿入固定后，轻轻左右旋转将穿刺针钻入，当穿刺针进入骨髓腔时常有落空感。狗、兔等大动物常用的骨髓穿刺点如下：胸骨，穿刺部位是胸骨体与胸骨柄连接处；肋骨，穿刺部位是第5～7肋骨各点的中点；胫骨，穿刺部位是股骨内侧、靠下端的凹面处。如果穿刺采用的是肋骨，穿刺结束后要用胶布封贴穿刺孔，防止发生气胸。

（3）采集骨髓时同时填写《检验部骨髓采集记录》。

6.标本的接收

收取标本后，核对标本与动物是否对应一致，查看标本是否合格，合格的标本填写《检验部标本接收记录》，不合格的标本填写《检验部标本拒收记录》，需要重新采样的标本填写《检验部重复采样通知单》。

7.标本的拒收

（1）检验部不合格标本拒收标准

① 未正确使用抗凝剂或有凝块的标本。

② 血标本或尿液量不足检验需要量的标本。

③ 经查对标本与动物不相符者。

④ 无标本或标本放置过久。

⑤ 尿液标本超过2h。

（2）检验部不合格标本处理程序　检验部接收不合格标本后，需及时和采集人员沟通，同时填写《检验部标本拒收记录》，注明不合格原因和处理结果，需要重新采样的标本填写《检验部重复采样通知单》。

8.标本的保存

（1）血液标本的保存

① 血常规和凝血标本检测完毕后在无异议和不需复查的情况下4℃保存一周进行废弃处理，同时填写《检验部样本保存废弃记录》。

② 血液离心后，填写《检验部血浆、血清分取记录》。血清生化检测后吸取血清200μL，−20℃保存一个月，同时填写《检验部血清保存记录》。之后进行废弃处理，填写《检验部样本保存废弃记录》。

③ 血常规检测完毕后进行血涂片操作，血涂片标本进行染色后室温长期保存，同时填写《检验部血涂片保存记录》。

（2）尿液标本的保存　尿液标本检测完毕后无异议和不需复查的情况下4℃保存2h后进行废弃处理，不做保存，同时填写《检验部样本保存废弃记录》。

（3）骨髓标本的保存　取骨髓涂片，骨髓涂片标本进行染色后室温长期保存，同时填写《检验部骨髓涂片保存记录》。

9.标本的废弃

（1）血液标本的废弃

① 血常规和凝血标本检测完毕后无异议和不需复查的情况下4℃保存一周进行废弃处理，同时填写《检验部样本保存废弃记录》。

② 血清生化标本吸取血清200μL，−20℃保存一个月，进行废弃处理，

同时填写《检验部样本保存废弃记录》。

③ 血涂片标本进行染色后室温长期保存至药品上市后5年，进行废弃处理，同时填写《检验部样本保存废弃记录》。

（2）尿液标本的废弃　尿液标本检测完毕后无异议和不需复查的情况下4℃保存2h后进行废弃处理，同时填写《检验部样本保存废弃记录》。

（3）骨髓标本的保存　骨髓涂片标本进行染色后室温长期保存至药品上市后5年，进行废弃处理，同时填写《检验部样本保存废弃记录》。

四、合格标本的编排程序

1.目的

消除标本在前处理过程中各环节出现的错误，保证合格的标本进入分析过程，保证当日检验标本号码的唯一性识别，从而保证标本检测结果的可靠性。

2.范围

检验部所有检验项目的标本。

3.检验部合格标本的编排程序

（1）原则　所有在检验部的工作人员，都必须按规定好的号段编号，确保当日检测标本编号不出现重复号码。

（2）要求　编号时一定要认真，不得张冠李戴，相同类型的标本不得有重号。

（3）合格标本的编排程序

① 收到标本应先进行分拣，并按不同项目进行分类：血常规、尿常规、生化、凝血、血涂片和骨髓涂片等项目检查。

② 血常规、凝血、血清生化（包括电解质）从本年度第一个项目的第一个标本开始，从1号开始依次编排，到本年度最后一个项目的最后一个标本截止。

③ 尿常规从本年度第一个项目的第一个标本开始，从U1号开始依次编排，到本年度最后一个项目的最后一个标本截止。

④ 血涂片从本年度第一个项目的第一个标本开始，从1号开始依次编排，到本年度最后一个项目的最后一个标本截止。同时在载玻片上标明动物编号和涂片时间，每个全血标本涂两张片子。

⑤ 骨髓涂片从本年度第一个项目的第一个标本开始，从M1号开始依次编排，到本年度最后一个项目的最后一个标本截止。同时在载玻片上标明动物编号和涂片时间，每个骨髓标本涂两张片子。

（4）复查标本的编排顺序

① 没有重复采样的标本，第一次复查用该标本标号-1表示，第二次复查用该标本标号-2表示，以此类推。

② 重复采样的标本，第一次复查用该标本标号-A表示，第二次重新采样复查用该标本标号-B表示，第三次重新采样复查用-C表示，以此类推。

③ 重复采样后的标本，不再重新采样，第一次复查用该标本标号-A-1表示，第二次复查用该标本标号-A-2表示，以此类推。

五、标本的检测程序

1. 目的

明确检验部标本检测流程，准确及时发出报告。

2. 范围

检验部所有检验项目的标本。

3. 检验部标本的检测程序

（1）本部门工作人员需严格按照检验仪器和检验项目标准操作程序进行，保证设备正常运转和质控开展。进修人员、学生及下级技术人员应接受上级技术人员的指导和监督以保证检验工作的正常进行。

（2）本部门接收样本包括血液、尿液、骨髓等各种标本。工作人员按岗位负责对相应检测项目的标本进行编号、离心、上机检测、结果审核及发放报告。编号前需对检验项目、检验标本进行第二次核对验收，以免检测错误。

（3）编号时需耐心、仔细、字迹清楚，标本与上机编号应一致，避免重号、漏号。

（4）血液样本离心速度和时间严格按标准操作程序执行。

（5）标本检测前先做质控，质控在控后方可上机操作。

（6）检测结果不符或严重偏离正常值者，首先检查仪器运行是否正常，试剂是否失效、污染等。以同一份标本重复检测，观察机器的重复性，必要时重新采集标本。

（7）标本检验完成后，对检测有影响的样本状态（严重溶血、乳糜等），应在结果报告单上注明。

（8）检验完毕，保持各自工作台及仪器表面干净整洁，各种标本检测完毕后按规定进行保存或者进行处理，并做好记录。

六、室内质控程序

1.目的

控制本部门实验室测定工作的精密度，并检测其准确度的改变，确保常规测定工作的批间、批内标本检测结果的一致性。

2.范围

适合检验部所开展的室内质控的检验项目。

3.职责

认真做好各仪器质控及总结工作。

4.室内质量控制管理程序

（1）开展室内质量控制前的准备工作

① 培训工作人员。在开展质控前，每个实验室工作人员都应对质控的重要性、基础知识、一般方法有较充分的了解，并在质控的实施过程中不断进行培训和提高，在实际工作中实验室应培养一些质控工作的技术骨干，如质控员、仪器操作者。

② 建立标准操作规程。

③ 仪器的检定与校准。对测定样本的各类仪器要按一定要求进行检定，校准时要选择合适的标准品。

④ 质控品的选择。根据仪器选择相应质控品。

（2）质控品的准备、储存和分析

① 质控品的情况如表7-1所示。

表7-1　室内质控品详情

名称	规格	剂型	储存条件及时间
血液分析质控品中值Level 2	4.6mL	混悬液	2 ~ 8℃储存到有效期
尿干化学分析阴性质控品	25条/盒	试纸条	室温储存到有效期
尿干化学分析阳性质控品	25条/盒	试纸条	室温储存到有效期
生化质控品中值	5mL	溶液	2 ~ 8℃储存到有效期
凝血质控品正常值、异常值	1mL	溶液	2 ~ 8℃储存到有效期
电解质分析仪质控品内校液	110mL	溶液	0 ~ 40℃储存到有效期

② 质控品的准备。新开瓶的质控品，应填写《校准品、质控品使用记录》，并在瓶上标记开启日期。

③ 质控频次

a. 血液分析。仪器开机后，待仪器自检完毕，在检测标本之前做一次质控品测试。

b. 尿干化学分析。仪器开机后，待仪器自检完毕，在检测标本之前做一次质控品测试。

c. 生化质控。仪器开机后，待仪器自检完毕，在检测标本之前做一次质控品测试。

d. 凝血质控。仪器开机后，待仪器自检完毕，在检测标本之前做一次质控品测试。

e. 电解质质控。仪器开机后，待仪器自检完毕，在检测标本之前做一次质控品测试。

④ 质控分析。按相应仪器进行质控分析。

⑤ 保存。按质控品要求保存，详见表7-1。

⑥ 质控规则

a. 当标本数量较少，没有连续进行至少30天质控的情况下，根据质控品附带的说明书判断是否失控。

b. 当标本数量较多，连续进行质控至少30天的情况下，使用以下规则判断是否失控。

血液分析质控的规则是：1-2S、1-3S、2-2S、R-4S、10-X。

干化学分析仪尿十项的质控规则是：测定结果在“靶值”允许的1个定性等量级内为“在控”，超过此范围即可判为“失控”。

生化仪质控规则：1-2S、1-3S、2-2S、R-4S、10-X。

血凝仪质控规则：1-2S、1-3S、2-2S、R-4S、10-X。

电解质仪质控规则：1-2S、1-3S、2-2S、R-4S、10-X。

⑦ 注意事项：在有效期内使用，不能作为校准品使用，如有污染应停止使用。

（3）质控结果观察　观察各分析项目质控结果是否在控，如有失控，须查明原因，填写《室内质控失控分析记录》及时解决，然后重新分析质控品，直到在控后，方可开始标本分析。

（4）质控多规则

① 1-2S，当一个质控点超过均值+/−2SD时为警告。

② 1-3S，当一个水平质控点超过均值+/−3SD时为失控，实验无效。

③ 2-2S，一个水平质控品连续两个批次结果超过均值+/−2SD，或两个水平质控品结果同时朝同一方向超过均值+/−2SD时为失控，该批结果

无效。

④ R-4S，一个水平质控品连续两次结果，或两个水平质控品结果之差超过4SD（即一个质控点超过均值+2SD，另一个质控点超过均值−2SD时）为失控，该批结果无效。

⑤ 10-X，连续10个测定值在均值同一侧为失控，该批结果无效。

（5）失控结果的处理

① 常见的质控规则和失控类型：1-3S、R-4S属随机误差，随机误差表现比较突然，失控的离散度大；2-2S属系统误差，表现为连续的控制值超出同一方向的控制限，有定向飘移的趋势。

② 系统误差导致因素

a. 试剂。保存不当或其他原因造成的质量问题，过期，批号改变。

b. 校准品。运输过程不当、保存不当造成的质量问题，过期，批号改变，校正值设定错误。

c. 分析仪样本加样针、试剂加样针堵塞或其他原因造成的吸取液体体积变化。

d. 恒温室的温度变化。

e. 激光老化。

f. 检验工作人员变动。

③ 随机误差导致因素

a. 试剂有气泡或管道漏气。

b. 试剂配制未充分混匀。

c. 恒温室的温度不稳定。

d. 电源不稳定。

e. 检验人员操作有误。

f. 样本有凝块或气泡。

④ 失控处理流程

a. 如失控为某一单项，多为试剂问题；如失控为多数项目，多为仪器故障，需检查仪器状态，对仪器进行清洗等维护。

b. 判断失控为随机误差或系统误差，查明并排除误差产生原因，重新测定同一质控品。

c. 如仍不在允许范围，新开质控品，重新检测失控项目。

d. 如仍然失控，重新校准后，重新检测失控项目。用新开校准液进行校准，已排除校准液的原因。

e. 如果前几步都未能得到在控结果，那可能是仪器或试剂的原因，只能和仪器或试剂厂家联系请求技术支援。

七、质控品、校准品管理程序

1.目的

规范检验部质控品和校准品的采购、验收、使用和保管程序，以保证其量值准确和可溯源性，从而保证检验结果准确可靠。

2.范围

适合检验部各仪器所用的质控品和校准品。

3.职责

（1）检验部负责人负责本部门质控品和校准品的请购，机构负责人负责审批，由办公室统一采购。

（2）检验部负责人负责质控品、校准品的验收及保存。

4.工作程序

（1）请购及验收　检验部负责人根据本组所需要质控品和校准品，进行申购。

① 校准品使用仪器设备配套或仪器生产商指定的产品，且有SFDA（国家食品药品监督管理总局）的批准文号。

② 质控品使用仪器配套或仪器生产商指定的产品，且有SFDA批准文号。

③ 对采购来的质控品、校准品或室间质评样品进行验收时，应注意其运送是否符合要求，外包装是否完好，物品是否损坏，使用说明书、保存条件以及其有效期是否满足相关要求。

（2）校准品和质控品按规定要求存储，保证在有效期内使用。如发现过期、失效时，必须及时清理，以防止误用。

（3）校准品按相应要求储存使用，确保校准值与试剂及仪器参数设置的一致性，切忌剧烈振摇；不使用超过保质期的校准品。

（4）质控品、校准品要在与标本检测同样条件下进行测定，使用时填写《校准品、质控品使用记录》。

（5）开瓶要记录日期、批号、有效期。

八、试剂、消耗品管理程序

1. 目的

规范检验部试剂的请购、保存、验收、报废和退货程序，使所购试剂符合质量手册和程序文件的有关要求，及时、准确地提供可靠的检验报告。

2. 范围

适合检验部所用的试剂及消耗品。

3. 职责

（1）检验部负责人负责本部门试剂消耗品的请购，机构负责人负责审批，由办公室统一采购。

（2）检验部负责人负责试剂、消耗品的验收及保存。

4. 申请程序

（1）负责人负责根据本室检验项目所用试剂消耗品情况负责试剂消耗品的申请。

（2）申请经机构负责人审批后，送办公室由办公室统一采购。

5. 试剂、消耗品的验收和保存

（1）试剂、消耗品购进后签收与管理。

（2）应根据本组试剂请购单对所购试剂的包装规格、单价、数量、有效期进行核查，准确无误后领取使用，使用时填写《试剂、消耗品使用记录》。

（3）自配试剂应注明名称、浓度、数量、储存要求、配制人、配制日期并登记，同时填写《自配试剂登记表》。

（4）领取的试剂、消耗品应严格按照试剂说明书要求保存，每次实验前，检查试剂的库存量及失效日期，以便及时请购和防止使用变质和过期的试剂。

6. 试剂的使用

（1）更换试剂新的批号时要做质控，质控在控后方可使用。如不在控需分析原因采取纠正措施并做记录。

（2）试剂开瓶使用时，要登记开瓶日期、批号、有效期，并在瓶上标明开瓶使用日期，使用时填写《试剂、消耗品使用记录》。

7. 试剂的报废

一旦发现储存试剂过期、失效应立即停止使用，经机构负责人批准后做报废处理。

九、检验部安全管理制度及措施

1. 目的

规范检验部工作流程，确保各项工作安全有序进行。

2.范围

检验部所有人员。

3.操作规程

（1）每天下班时，各实验台工作人员负责检查相关范围内的水、电安全。做好安全保卫工作，检查门窗，注意防盗。

（2）任何工作人员发现有不安全因素，均应及时报告负责人并迅速处理。检验部内部定期进行全体员工安全教育和安全督查。

（3）保护好防火设施，保持走廊通道畅通，便于火警时人员安全撤离。

（4）遇到停水、停电等紧急情况时，受影响的检测项目，能发出报告单的及时发出，无法发出报告单应将未检验完毕的标本妥善保管。

（5）机器运行时要做好使用记录。

（6）发生安全事故处理完毕后及时填写《检验部安全事故报告单》。

十、检验部人员培训计划

1.目的

贯彻执行检验部全面质量管理体系，通过岗前培训与考核，增强质量意识、技术水平和业务能力，确保分析前、中、后的质量，保证工作人员和实验室的安全。

2.范围

适用于技术骨干、新员工、轮转员工、进修生、实习生。

3.操作规程

（1）新员工来检验部工作后，由负责人介绍本专业的特点、工作流程、检测项目、仪器使用情况，知晓自己将从事的工作内容和标准。

（2）根据员工的轮转时间，合理安排所在的各岗位的工作时间。

（3）在正式上岗之前，给予本人本专业的作业指导书，要求认真阅读，充实专业理论知识。

（4）定期进行项目操作、仪器操作维护的培训，考核合格后经授权才能操作。

（5）介绍室内质控相关知识，熟悉专业组内的室内质控失控的判断标准、处理措施，经学习、考核后，经授权参加部分室内质控工作。

（6）新设备使用前，参加科室组织的集体培训，知晓新设备的正确操作、维护、保养的标准操作，经考核达标，经授权后才能上岗。

（7）参加本专业组织的各类讲座、继续教育，了解本专业的最新发展动态、研究热点等。

十一、检验部人员着装要求

1.目的

提高实验人员的整体职业形象，规范仪表实验操作流程。

2.范围

适用于检验部全体人员。

3.操作规程

（1）统一着装白大褂，保持工作帽和工作服干净、整洁。

（2）穿工作服时，不准戴戒指、耳环、手镯等饰物；不准涂染或留长指甲；不准浓妆艳抹。

（3）工作人员应保持着装整洁，不得有缺扣、残损。

（4）上班期间不得穿与岗位无关的拖鞋，不得赤脚穿凉鞋。

（5）穿工作服时不准戴便帽、系围巾，内衣领子不得翻在工作服外，女性长发不得露于帽外。

（6）工作时必须戴口罩、帽子、手套。

十二、检验部应急预案

1.目的

保障检验部人员安全，防范安全事故发生，切实有效降低和控制安全事故的危害，进行突发事故的应急处理工作。

2.范围

适用于检验部全体人员。

3.操作程序

（1）消防应急预案

① 当发生火灾时，立即通报机构负责人及保卫处，紧急报警。

② 集中现有的灭火器和人员积极扑救，尽量消除明火或控制火势扩大。

③ 尽快撤出易燃易爆物品，积极抢救贵重物品、设备和科技资料。

④ 有组织地从安全出口撤离人员。

（2）化学损伤应急预案

① 立即启用紧急清洗喷淋装置，在损伤部位长时间清洗。

② 清洗后做进一步处理，必要时到急救中心。

（3）锐器损伤应急预案

① 受伤人员应脱下手套或防护服，在伤口处由远到近轻轻挤压，并启用紧急清洗喷淋装置，冲洗伤口。

② 洗后用消毒液（如75%酒精、0.5%碘伏）在伤口处涂抹或浸泡做局部处理。

③ 必要时进行急救处理。

（4）标本喷溅溢出应急预案

① 应戴手套立即用布或吸水纸覆盖污染处，喷有效氯浓度5g/L的消毒液。30min后，用镊子夹吸水纸吸干溢出物和消毒液，丢弃于黄袋（生物有害垃圾袋）。

② 用有效氯浓度5g/L的消毒液清洗样本溢出区。

（5）自然灾害性应急预案　如发生地震、雪灾、洪水等不可抗力的自然灾害时，应该全员战备，积极主动地配合中心工作安排。

十三、检验部生物安全制度操作规程

1.目的

规范检验部各实验室生物安全制度，保障研究人员不受实验因子的伤害，保护环境和公众的健康，保护实验因子不受外界因子的污染。

2.范围

适用于检验部全体人员。

3.操作规程

（1）检验人员

① 检验人员进入实验室应穿好工作服，佩戴一次性口罩和手套，不允许在实验室进食和吸烟。

② 检验人员在工作前后，应用肥皂和流水洗手，必要时用消毒液浸泡双手。

③ 检验人员在进行抽血操作前必须洗手，必须戴好帽子与口罩，操作台和手被污染时应用肥皂和流水认真洗手，必要时用消毒液浸泡双手。

（2）实验室应分为洁净区和污染区，洁净区要注意保护不受污染，污染区的工作台及地面每日用消毒液擦拭一次，有污染时随时消毒，每周大扫除一次。

（3）各种检验标本的收集、送检必须用相应指定的容器，不得外溢污染。溢出试管外的血液，应立即用碘酒棉签擦拭干净，注意防止玻璃碎片刺伤手，并注意试管有无破裂。

（4）一次性医用器具包括采血管、采血针、注射器、尿杯，应严格做好领发登记，填写《试剂、消耗品使用记录》。

（5）检验完毕后，做好实验室消毒工作。

（6）非部门工作人员不准进入实验室，外来人员参观需经部门负责人同意，填写《检验部外来人员登记表》方可进入。

（7）领用有毒有害物品须严格填写《危险物品领用记录》。

十四、检验部仪器设备管理使用程序

1.目的

规范仪器设备的管理、使用和维护保养，保证仪器设备的正常安全使用，保证检验结果的准确、及时。

2.范围

适用于检验部所有仪器设备。

3.操作程序

（1）仪器设备的配置

① 其性能符合相关检验要求的条件，在安装时及使用过程中能够达到所要求的性能标准。设备性能主要指检测速度、操作要求、准确度、重复性、测量范围、灵敏度、携带污染、稳定性及相关配置等，设备安全性能也应符合相关要求。

② 具备完整的检测分析系统。

（2）仪器设备的检定、校准及性能验证

① 仪器设备的检定、校准由仪器设备操作者提出申请，综合管理部负责联系计量院进行检定。

② 需要检定的设备（如天平、离心机、温度计等），送有资质的计量院检定，并索取检定报告。要求强检的仪器设备，按照计量法的要求必须强检。加样器、移液管可根据作业指导书进行自校，也可以送有资质的计量所检定。

③ 定期对仪器设备性能进行验证，确保设备处于正常功能状态。

（3）仪器设备操作人员培训和批准授权

① 大型仪器设备的操作者经专业人员培训、考试合格后，由负责人批准授权方可上岗。

② 仪器设备由部门负责人管理，并指定仪器管理员，负责仪器日常运行和维护工作。

（4）仪器设备作业指导书　仪器设备作业指导书的编写应以仪器说明书或操作手册为依据，建立的预防性维护要求应遵循制造商的建议。

（5）仪器设备档案　主要包括以下内容。

① 设备标识。

② 当前的位置。

③ 仪器说明书及标准操作规程。

④ 性能或性能验证记录。

⑤ 设备的维修记录。

⑥ 日常使用、保养记录。

（6）仪器标识管理　检验部的每件设备均应有唯一性标识，并张贴在仪器设备的醒目处。唯一性标识的标签内容包括：仪器设备统一编号、名称、型号、使用日期、运行状态、仪器使用和管理人员。

（7）仪器设备的使用与维修

① 授权操作者必须认真按照仪器SOP进行操作。

② 仪器操作人员在使用仪器的过程中必须记录仪器的工作状态和环境条件，严格按要求做好日常维护保养，确保仪器处于良好的工作状态。

③ 使用人员不得随意改变仪器的参数设置，必要时设置使用权限。

④ 仪器操作人员要保持仪器处于安全工作状态，包括检查电气安全、紧急停止装置，以及由授权人员对化学和生物材料进行安全操作及处理。在设备修理或报废前用2%中性戊二醛进行消毒处理，防止污染，必要时为修理人员提供防护物品。

⑤ 设备发生故障后，应停止使用，粘贴相应状态标识，妥善存放至被修复。查找损坏原因，判定责任，并在仪器档案、使用记录、维护记录中描述登记故障内容或报警代码。自己无法修复时，由具备资格的工作人员或厂家工程师进行维修。维修后经校准、验证或检测表明其达到规定的可接受标准后才能重新使用，并形成校准和/或验证记录。

（8）仪器设备的报废　对简单仪器设备（如打印机、冰箱等）的报废，负责人提出申请，机构负责人审核，上报资产管理处。对贵重精密的大型分析仪器（如血液分析仪等），厂家工程师鉴定后，负责人提出申请，机构负责人审核，上报资产管理处，办理有关报废手续。

（9）任何人不得随意搬移或拆卸设备。在仪器的操作、运输、存放和使用过程中，注意人员和设备的安全，防止污染或损坏。

（10）仪器设备配件、系统软件等重要资料归档保存。

十五、检验部仪器设备检定/校准程序

1.目的

规范仪器设备的检定/校准程序，保证仪器设备使用前其性能应满足要求，使测量数据和检测结果具有良好的溯源性、准确性和可靠性。

2.范围

适用于检验部所有仪器设备。

3.职责

（1）仪器管理员负责检测仪器的校准或检定申请。

（2）综合管理部负责联系法定计量检定院/所进行检定。

4.工作程序

（1）仪器设备管理员建立仪器设备、量具检定/校准一览表，并负责更新管理。

（2）仪器设备操作者应经常查看所用仪器下次检定/校准日期，到期前一个月提出检定/校准申请，由中心统一安排检定时间，并由计量院进行检定。

（3）计量设备的检定

① 仪器管理员收集需要检定的计量设备（如天平、离心机等），分类整理，报部门负责人审核。

② 综合管理部联系计量检定院/所进行检定。

③ 对小型计量设备（如温度计、加样器、移液管等），集中送计量院/所；对较大型的设备一般由计量院/所来中心进行检定。

④ 检验部可以制定作业指导书，对温度计、加样器、移液管等进行自校。可以采用计量院/所检定合格的计量设备来校准其他相应量的计量设备，用来校准其他计量设备的校准设备其精确度不能低于被校准的计量设备。自校的计量设备也要报部门负责人审批，标明校准时间和下次校准时间。

⑤ 检验部使用的计量设备应当都是经过检定合格或校准合格的计量设备。

⑥ 妥善保存检定报告，并在检定合格的计量设备上标明检定时间和检定状态。

（4）检测仪器的校准评价

① 对测量有重要影响的关键量和值的仪器，在使用前必须经过校准/验证合格，保证仪器设备处于其设计性能状态。其他设备在使用前和维修后对其性能进行适当的评价。

② 各组应制定校准计划，在使用过程中，还应对其进行期间核查或质量控制，以维持其校准状态的可信度。

③ 仪器设备符合下列情况之一时，投入使用前应按规定程序进行校准或核查，确保其性能和校准状态符合检测的要求。

a. 新安装的仪器设备。

b. 到校准日期的仪器设备。

c. 仪器故障后经维修维护特别是更换关键零部件后。

d. 仪器设备放置场所发生变动。

e. 曾脱离了实验室控制的设备和长期不用的设备。

④ 校准周期：每12个月进行一次全面保养维护和校准。

⑤ 大型监测仪器由仪器工程师进行校准。

⑥ 对大型分析仪器（血液分析仪等），仪器工程师对分析仪器进行全面、系统保养，至少包括对光路系统、采样针（加样量）、温控系统、各机械运动装置进行检查、校正，由工程师出具仪器校准报告，以明确仪器状况。

十六、检验部计算机和数据管理程序

1. 目的

保障检验部计算机数据和网络安全。

2. 范围

适用于检验部所有计算机和数据。

3. 工作程序

（1）计算机操作系统与相应仪器相连接，实现数据传递。

（2）部门负责人负责进行网络管理，不同的操作者限制不同的操作权限。

（3）所有接入网络的计算机一律不准外来磁盘上机操作，以防病毒污染。

（4）计算机发生故障时，要及时与网络中心联系。

（5）每台计算机及其相应的配件和软件应由专人负责管理。

（6）计算机内数据结果要严格保密，本部门所有实验室检测数据、相关记录资料及实验室检验、质控、校准的数据，不得随意向部门外无关工作人员或外来人员透露，未经本部门负责人及机构负责人授权不得随意挪用或公开。

（7）组织工作人员认真学习计算机网络安全防护知识及维护手册，使之具备基本网络知识，提高工作人员维护网络安全的警惕性和自觉性。

十七、检验部数据处理和报告发出标准操作规程

1. 目的

规定检验部数据处理相关操作规程。

2. 范围

适用于检验部所有出具数据的仪器。

3. 操作规程

（1）原始数据的定义

① 仪器配套打印机打印出的数据定义为原始数据。当仪器配套打印机出现故障时，可以根据具体情况临时定义原始数据，但此时要在数据上详细说明。

② 原始数据可以报告为无有效数据（NVD，no valid data），但要说明原因，并签署姓名和日期。

（2）重复测定条件

① 仪器出现故障，可能影响或已经影响测定指标。

② 试剂不足时，可能影响或已经影响测定指标。

③ 标本出现问题时，如样本中有纤维蛋白原堵塞加样针，或血液学样本中出现凝血，对样本进行处理或者重新采血后，对可能影响或已经影响的指标进行重复测定。

④ 测定结果小于或大于仪器最低或最高测限的异常数据，最后结果需要通过浓缩或稀释进行计算，并说明理由。如果条件不允许，可以不进行浓缩或稀释，但结果应报告为小于最低限度或大于最高限度。

⑤ 试验人员的判断等其他因素有可能影响数据结果，需要重复测定的情况。

⑥ 委托方要求或SD要求重复测定的情况。

⑦ 实验中出现严重偏离正常范围的异常数据，需要重新测定的情况。

（3）重复测定原则　若第二次测定结果与第一次测定结果一致，则采用第一次测定结果；若第二次与第一次结果不一致，需进行第三次测定；若第三次结果与第二次结果一致，则采用第二次结果；若第三次结果与第二次结果不一致，则要查找导致结果重复性不好的原因，排除原因后重复进行上述步骤。

（4）数据一致性判断的原则　指标重复测定时，酶指标的变异系数（CV）若小于或等于20%，电解质变异度小于或等于5%，其他生化或血液学指标变异度小于或等于10%，则认为两次测定结果具有一致性。尿液分析测定的变异度小于或等于两个等级，则认为两次结果具有一致性。

（5）数据采集及签名

① 试验人员进行重复测定时，要在原始记录上注明重复测定的原因，数据采集情况及理由，并签署姓名和日期。

② SD要求重复测定时，由SD在原始数据上注明重复测定原因，数据采集情况及理由，并签署姓名和日期。

（6）数据的审核和报告发出

① 试验人员是数据质量的第一责任人，要对数据的质量负责，试验人员出具结果之后，要进行简单的核对，保证数据的完整性和真实性，并签署姓名和日期。

② 由产生数据的试验人员之外的部门其他相关人员进行数据审核，主要检查数据的完整性和结果的真实性，异常数据的重复性，并签署姓名和日期。

③ 质量控制负责人是数据质量的最终负责人，对数据进行不定期审核，并及时调整质量控制措施，可以要求试验人员或者审核人员给出适当的解释。

④ 经过首次核对、审核人核对和质量控制负责人核对的数据可以发出检测报告。

参考文献

[1] 文志林, 许明磊, 徐丽军, 等. 医院外送第三方实验室检验的管理实践[J]. 中国医疗器械杂志, 2023, 47(04): 459-463.

[2] 胡薇薇, 曹芳红, 陈树昶, 等. 生物安全实验室备案管理现状分析与对策研究[J]. 中国卫生检验杂志, 2023, 33(08): 1022-1024.

[3] 陈坚. 药检仪器设备的检定、校准与计量管理[C]// 中国药学会. 中国药学会第三届药物检测质量管理学术研讨会资料汇编. 连云港市药品检验所, 2016: 4.

[4] 张洪琼, 慕宁浩, 丁建文. 加强仪器设备科学管理提高检验检测质量[J]. 中国卫生事业管理, 2011, 28(S1): 33-34.

[5] 邱谷. 检验科仪器设备的科学管理[J]. 现代检验医学杂志, 2006(01): 74-75.

第八章

检验实验室主要仪器性能验证

第一节　血液分析仪性能验证

1.测试仪器及试剂信息

测试仪器为Sysmex XT-1800i血液分析仪。测试条件及试剂信息如表8-1所示。

表8-1　测试条件及试剂信息

实验室环境	环境温度	湿度	电源
	25℃	41%	220 VAC
试剂	序号	试剂名称	试剂批号
	1	CELL PACK	A6024
	2	STROMATOLYSER-FB	R6021
	3	STROMATOLYSER-4DL	R6035
	4	SULFOLYSER	A6011
	5	STROMATOLYSER-4DS	A6024

2.实验方案

（1）批内精密度　取低、中、高三个水平的新鲜血液样本，连续重复测定10次，计算CV、SD。

（2）携带污染　取高浓度血液样本，混合均匀后连续测定三次，测定值分别为H_1、H_2、H_3；再取低浓度血液样本，连续测定3次，测定值分别为L_1、L_2、L_3。按以下公式计算携带污染率。

$$携带污染率=(L_1-L_3)/(H_3-L_3) \quad (8\text{-}1)$$

（3）线性　选取一份接近预期上限的高值全血样本（H），分别按100%、80%、60%、40%、20%的比例进行稀释，每个稀释度重复测定3次，计算均值。将实测值与理论值做比较（偏离应小于10%），得到回归曲线$y=ax+b$，验证线性范围，根据医学实验室质量和能力认可准则，a值在1.00±0.05范围内，相关系数$R^2 \geqslant 0.95$。

3.检测结果

（1）批内精密度结果如表8-2～表8-4所示。

表8-2　批内精密度——低值

参数	WBC	RBC	HGB	HCT	MCV	PLT
单位	$\times10^9$/L	$\times10^{12}$/L	g/L	L/L	fL	$\times10^9$/L
1	3.18	2.33	58	17.7	76.1	79
2	3.15	2.36	59	17.8	76.2	79
3	3.32	2.35	59	17.9	76.2	79
4	3.33	2.40	59	17.2	75.6	73
5	3.21	2.41	58	17.9	75.8	81
6	3.24	2.38	59	17.4	75.2	76
7	3.25	2.39	60	17.5	74.8	75
8	3.25	2.35	58	17.3	75.9	75
9	3.31	2.31	59	17.6	74.6	78
10	3.29	2.34	59	17.6	75.1	77
MEAN	3.25	2.36	58.8	17.6	75.6	77.2
SD	0.061	0.032	0.632	0.242	0.589	2.440
CV/%	1.86	1.37	1.08	1.38	0.78	3.16
判定标准CV/%	≤3.0	≤1.5	≤1.5	≤1.5	≤1.5	≤4.0
结论	合格	合格	合格	合格	合格	合格

注：MEAN—均值；SD—标准差；CV—变异系数。

表8-3　批内精密度——中值

参数	WBC	RBC	HGB	HCT	MCV	PLT
单位	$\times10^9$/L	$\times10^{12}$/L	g/L	L/L	fL	$\times10^9$/L
1	7.02	4.45	129	37.6	82.9	254
2	7.36	4.42	127	37.7	82.8	252
3	7.21	4.37	127	36.6	82.6	256
4	7.27	4.44	127	38.6	84.1	247
5	7.45	4.52	129	37.6	85.8	244
6	7.29	4.56	128	37.5	85.7	253
7	7.33	4.51	127	36.9	85.5	253
8	7.33	4.46	128	37.3	85.1	247
9	7.35	4.44	127	37.0	85.1	251
10	7.44	4.49	129	37.1	84.7	247
MEAN	7.00	4.47	127.8	37.4	84.4	250.4
SD	0.123	0.055	0.919	0.555	1.250	3.893
CV/%	1.76	1.23	0.72	1.48	1.48	1.55
判定标准CV/%	≤3.0	≤1.5	≤1.5	≤1.5	≤1.5	≤4.0
结论	合格	合格	合格	合格	合格	合格

表8-4　批内精密度——高值

参数	WBC	RBC	HGB	HCT	MCV	PLT
单位	$\times10^9$/L	$\times10^{12}$/L	g/L	L/L	fL	$\times10^9$/L
1	18.41	5.72	172	48.6	89.2	508
2	18.55	5.64	172	48.4	89.0	501
3	18.40	5.65	173	48.1	89.3	512
4	18.19	5.68	173	48.2	89.7	507
5	18.54	5.68	172	48.2	89.0	509
6	18.32	5.66	172	48.8	90.5	505
7	18.17	5.63	172	48.3	90.7	511
8	18.40	5.61	173	48.4	90.5	508
9	18.65	5.59	174	49.3	90.6	504
10	18.39	5.58	173	48.7	90.8	510
MEAN	18.40	5.64	172.6	48.5	89.9	507.5
SD	0.152	0.044	0.699	0.362	0.757	3.375

续表

参数	WBC	RBC	HGB	HCT	MCV	PLT
单位	$\times 10^9$/L	$\times 10^{12}$/L	g/L	L/L	fL	$\times 10^9$/L
CV/%	0.83	0.77	0.41	0.75	0.84	0.66
判定标准CV/%	≤3.0	≤1.5	≤1.5	≤1.5	≤1.5	≤4.0
结论	合格	合格	合格	合格	合格	合格

（2）携带污染率如表8-5所示。

表8-5　携带污染率

参数	WBC	RBC	HGB	HCT	PLT
单位	$\times 10^9$/L	$\times 10^{12}$/L	g/L	L/L	$\times 10^9$/L
H_1	18.03	5.42	175	49.9	508
H_2	18.88	5.32	174	50.3	512
H_3	18.86	5.38	175	50.2	507
L_1	3.05	2.33	59	17.8	72
L_2	3.01	2.32	59	17.8	72
L_3	3.02	2.31	58	17.7	71
携带污染率/%	0.19	0.65	0.85	0.31	0.23
要求/%	1.0	1.0	1.0	1.0	1.0
结论	合格	合格	合格	合格	合格

（3）线性结果如表8-6～表8-11和图8-1～图8-5所示。

表8-6　WBC线性

稀释度	第一次	第二次	第三次	均值	理论值
20%	3.75	3.77	3.65	3.72	3.76
40%	7.44	7.42	7.27	7.38	7.51
60%	12.16	12.12	11.93	12.07	11.27
80%	14.85	14.77	14.54	14.72	15.02
100%	18.56	18.46	18.17	18.40	18.78
a	0.9774				
R^2	0.9939				

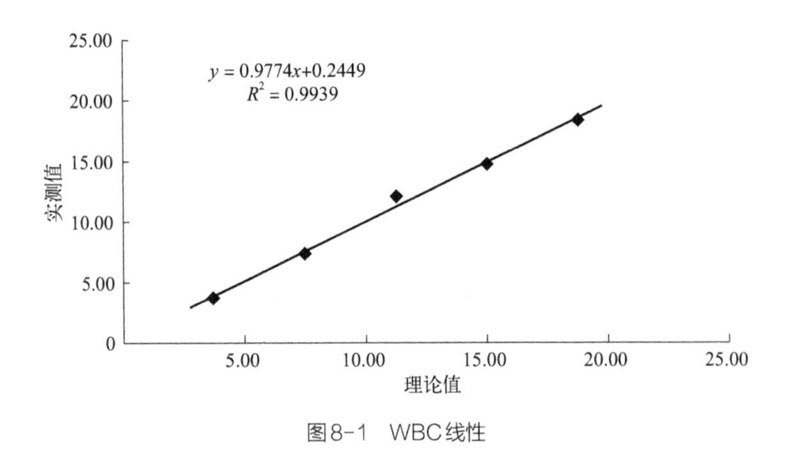

图8-1　WBC线性

表8-7　RBC线性

稀释度	第一次	第二次	第三次	均值	理论值
20%	1.15	1.12	1.15	1.14	1.10
40%	2.27	2.24	2.24	2.25	2.20
60%	3.34	3.37	3.39	3.37	3.30
80%	4.45	4.38	4.63	4.49	4.40
100%	5.56	5.47	5.61	5.55	5.50
a	1.0055				
R^2	0.9999				

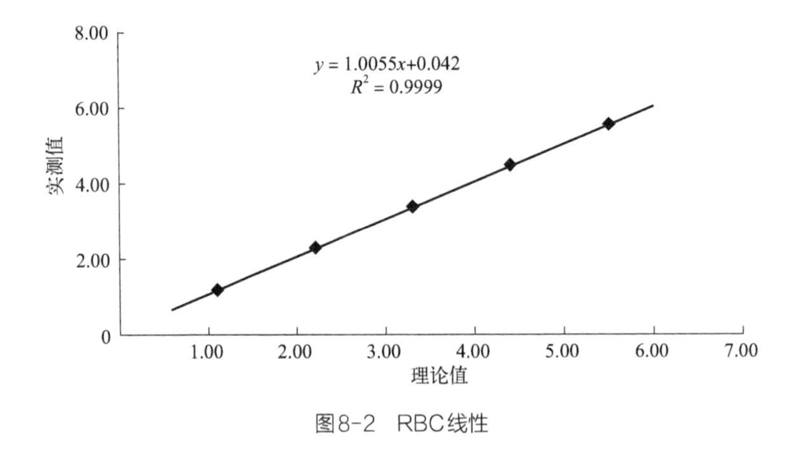

图8-2　RBC线性

表8-8 HGB线性

稀释度	第一次	第二次	第三次	均值	理论值
20%	37	35	36	36.00	34.20
40%	73	70	71	71.33	68.40
60%	109	108	107	108.00	102.60
80%	140	138	140	139.33	136.80
100%	175	173	173	173.67	171.00
a	1.0039				
R^2	0.9994				

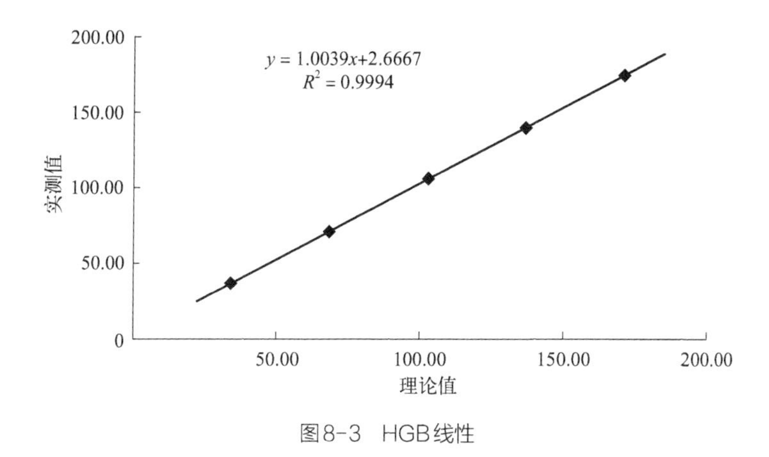

图8-3 HGB线性

表8-9 HCT线性

稀释度	第一次	第二次	第三次	均值	理论值
20%	9.6	10.2	10.3	10.03	9.76
40%	19.4	20.8	20.6	20.27	19.52
60%	28.7	29.9	29.9	29.50	29.28
80%	38.6	40.9	40.3	39.93	39.04
100%	47.9	51.1	49.9	49.63	48.80
a	1.0130				
R^2	0.9997				

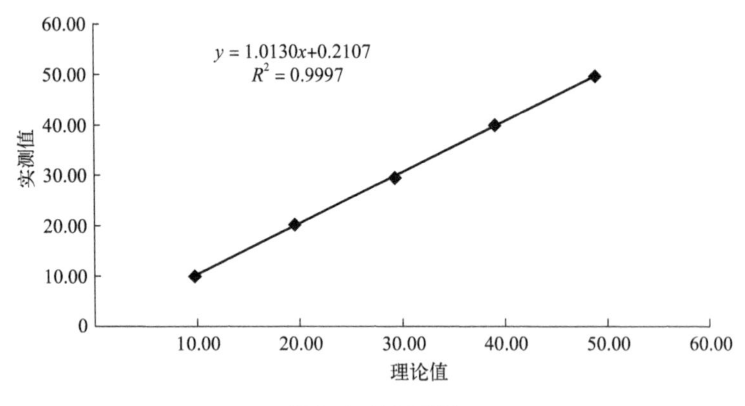

图8-4　HCT线性

表8-10　PLT线性

稀释度	第一次	第二次	第三次	均值	理论值
20%	105	102	107	104.67	107.40
40%	205	209	204	206.00	214.80
60%	310	311	312	311.00	322.20
80%	411	412	413	412.00	429.60
100%	512	508	509	512.00	537.00
a	0.9503				
R^2	0.9999				

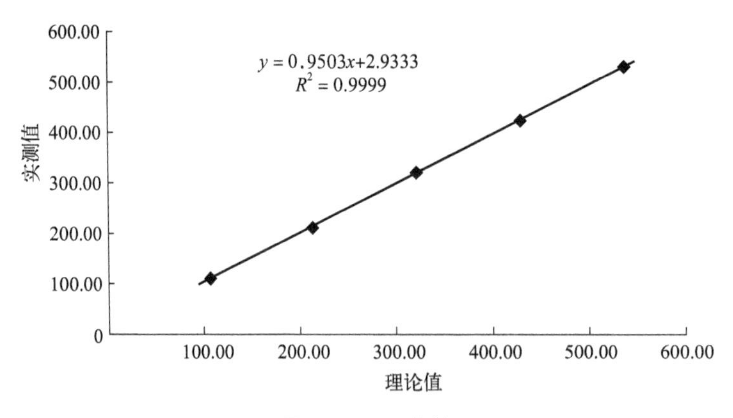

图8-5　PLT线性

表8-11　线性结论

参数	单位	线性范围	*a*	R^2
WBC	$\times 10^9$/L	18.40	0.9774	0.9939
RBC	$\times 10^{12}$/L	5.55	1.0055	0.9999
HGB	g/L	173.67	1.0039	0.9994
HCT	L/L	49.63	1.0130	0.9997
PLT	$\times 10^9$/L	512.00	0.9503	0.9999

4.检测结论

Sysmex XT-1800i血液分析仪批内精密度、携带污染及线性测试结果良好，可确保实验数据的准确性与真实性，仪器正常可用。

第二节　全自动生化分析仪性能验证

1.测试仪器及试剂信息

测试仪器为Sapphire 600全自动生化分析仪。

试剂：多项生化质控品（水平2）（宁波美康 批号：20160613）；ALT（宁波美康 批号：16072601）；AST（宁波美康 批号：16080901）；TBIL（宁波美康 批号：16071203）；UA（宁波美康 批号：16072801）；TP（宁波美康 批号：16081501）；ALB（宁波美康 批号：16081701）；GGT（宁波美康 批号：16071101）；ALP（宁波美康 批号：16072001）；GLU（宁波美康 批号：16072902）；UREA（宁波美康 批号：16081101）；CREA（宁波美康 批号：16081705）；CA（宁波美康 批号：16080401）；CHOL（宁波美康 批号：16062301）；TG（宁波美康 批号：16071801）；CK（宁波美康 批号：16072902）；LDH（宁波美康 批号：16072501）。

2.实验方案

（1）仪器的重复性检测　将多项生化质控品（水平2）用5mL超纯

水溶解后分装待用，做如下项目检测：ALT、AST、TBIL、UA（尿酸）、TP、ALB、GGT、ALP、GLU、UREA（尿素氮）、CREA、CA、CHOL、TG、CK、LDH。计算每个检测项目的均值、标准差和CV，且CV应符合表8-12、表8-13标准。

表8-12　CV标准（一）

测定项目	ALT	AST	TBIL	UA	TP	ALB	GGT	ALP
单位	U/L	U/L	μmol/L	μmol/L	g/L	g/L	U/L	U/L
标准CV/%	≤10.0	≤10.0	≤5.0	≤10.0	≤4.0	≤3.0	≤10.0	≤10.0

表8-13　CV标准（二）

测定项目	GLU	UREA	CREA	CA	CHOL	TG	CK	LDH
单位	mmol/L	mmol/L	μmol/L	mmol/L	mmol/L	mmol/L	U/L	U/L
标准CV/%	≤3.0	≤5.0	≤5.0	≤5.0	≤3.0	≤5.0	≤10.0	≤10.0

（2）线性相关性检测　将质控血清分别按100%、80%、60%、40%、20%的比例进行稀释，每个稀释度重复测定2次，计算均值，将均值与理论值进行比较，计算偏离：

$$偏离=（均值-理论值）/理论值 \tag{8-2}$$

且偏离应小于10%。对均值与稀释度做线性相关分析，相关系数$R^2 \geqslant 0.975$。

3.检测结果

（1）仪器的重复性检测　仪器重复性CV均符合标准，结果如表8-14、表8-15所示。

表8-14　仪器重复性检测（一）

测定项目	ALT	AST	TBIL	UA	TP	ALB	GGT	ALP
单位	U/L	U/L	μmol/L	μmol/L	g/L	g/L	U/L	U/L
1	129.10	151.70	83.51	559.00	52.40	31.90	174.20	330.52
2	129.00	148.90	83.75	561.00	51.90	31.80	173.90	327.50
3	130.80	152.40	84.00	559.00	53.20	32.40	174.10	325.61

续表

测定项目	ALT	AST	TBIL	UA	TP	ALB	GGT	ALP
单位	U/L	U/L	μmol/L	μmol/L	g/L	g/L	U/L	U/L
4	131.90	154.40	86.02	560.00	52.30	31.60	178.30	326.19
5	132.20	155.00	86.40	558.00	51.60	30.50	177.30	326.89
6	131.10	152.00	86.11	559.00	53.70	32.30	176.50	331.11
7	129.90	153.70	85.33	557.00	50.60	30.20	170.20	327.56
8	134.80	158.40	83.40	557.00	49.80	31.50	170.60	325.42
9	134.30	156.90	82.87	555.00	52.30	30.40	174.30	326.89
10	137.00	156.40	81.69	555.00	51.80	30.90	173.40	327.56
11	133.80	154.80	84.80	552.00	52.40	31.60	173.60	328.55
12	133.60	152.20	82.88	550.00	53.10	31.60	173.60	326.99
13	131.50	151.70	85.70	566.00	52.40	32.40	175.90	328.14
14	131.70	152.80	84.10	562.00	51.90	33.30	177.30	327.64
15	134.80	154.90	84.11	560.00	51.80	30.20	174.50	328.99
16	130.70	146.70	82.31	556.00	51.90	32.70	175.10	329.56
17	131.70	152.50	81.99	559.00	52.90	32.40	174.20	331.01
18	134.70	155.90	82.43	557.00	53.30	31.10	175.60	330.20
19	133.70	157.20	82.76	563.00	48.30	31.90	176.10	330.51
20	133.70	157.20	85.11	562.00	48.90	31.50	173.80	331.10
MEAN	132.50	153.80	83.96	558.00	51.80	31.60	174.60	328.40
SD	2.13	2.93	1.46	3.73	1.42	0.86	2.02	1.87
CV/%	1.61	1.90	1.73	0.67	2.74	2.72	1.16	0.57
标准CV/%	≤10.0	≤10.0	≤5.0	≤5.0	≤4.0	≤3.0	≤10.0	≤10.0
结论	合格	合格	合格	合格	合格	合格	合格	合格

表8-15 仪器重复性检测（二）

测定项目	GLU	UREA	CREA	CA	CHOL	TG	CK	LDH
单位	mmol/L	mmol/L	μmol/L	mmol/L	mmol/L	mmol/L	U/L	U/L
1	13.14	18.88	360.60	3.29	7.67	3.10	492.30	422.30
2	12.98	18.96	358.70	3.20	7.62	3.20	491.90	424.60
3	13.06	19.50	361.20	3.24	7.65	3.20	492.50	422.60
4	13.30	19.10	360.20	3.28	7.81	3.20	493.50	421.30

续表

测定项目	GLU	UREA	CREA	CA	CHOL	TG	CK	LDH
单位	mmol/L	mmol/L	μmol/L	mmol/L	mmol/L	mmol/L	U/L	U/L
5	13.24	19.20	358.30	3.26	7.87	3.10	493.50	423.90
6	13.35	18.96	359.60	3.27	7.82	3.30	493.10	423.60
7	13.24	18.99	358.70	3.27	7.82	3.20	492.60	422.90
8	13.47	19.21	357.60	3.34	7.86	3.10	493.10	423.60
9	13.34	19.61	358.10	3.33	7.87	3.00	493.20	422.50
10	13.61	19.52	356.90	3.38	8.09	3.20	492.50	424.10
11	13.29	19.17	358.90	3.36	7.79	3.20	493.60	423.60
12	13.22	18.96	358.70	3.31	7.78	3.20	494.10	425.30
13	13.11	18.99	357.30	3.27	7.60	3.10	492.60	423.80
14	13.15	18.96	357.10	3.29	7.67	3.10	494.50	424.70
15	13.28	19.10	356.00	3.41	7.84	3.10	492.70	423.90
16	12.85	19.34	358.90	3.41	7.84	3.10	493.70	424.30
17	13.15	18.56	357.80	3.31	7.78	3.30	493.40	423.10
18	13.41	19.63	357.30	3.33	7.81	3.20	494.10	423.80
19	13.37	18.97	356.40	3.34	7.81	3.10	492.60	425.70
20	13.37	18.99	357.60	3.33	7.81	3.10	493.40	426.40
MEAN	13.25	19.13	358.00	3.31	7.79	3.20	493.10	423.80
SD	0.17	0.27	1.37	0.05	0.11	0.76	0.68	1.20
CV/%	1.32	1.41	0.38	1.65	1.41	0.24	0.14	0.28
标准CV/%	≤3.0	≤5.0	≤5.0	≤5.0	≤3.0	≤5.0	≤10.0	≤10.0
结论	合格	合格	合格	合格	合格	合格	合格	合格

（2）线性相关分析　对均值与稀释度做线性相关分析，R^2均符合标准，结果如表8-16～表8-31和图8-6～图8-21所示。

表8-16　ALT线性检测　　　　单位：U/L

项目	第一次	第二次	均值	理论值	偏离/%
20%	27.20	28.30	27.75	26.72	3.85
40%	54.60	51.40	53.00	53.44	-0.82
60%	78.30	82.90	80.60	80.16	0.55
80%	110.20	112.50	111.35	106.88	4.18
100%	135.80	130.40	133.10	133.60	-0.37
a	0.9909				
R^2	0.9977				

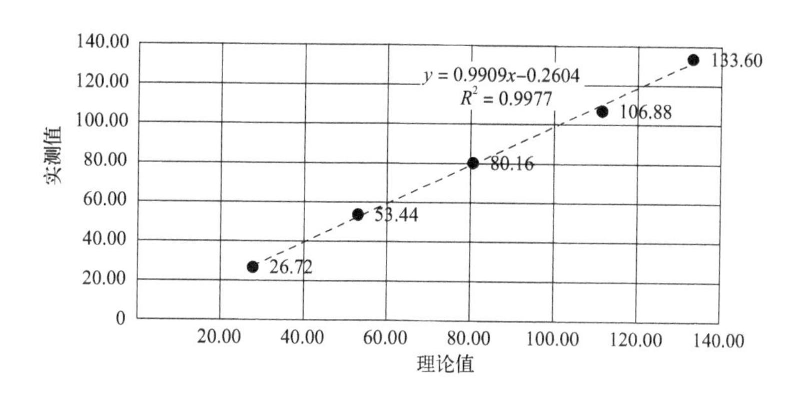

图8-6　ALT线性方程

表8-17　AST线性检测　　　　单位：U/L

项目	第一次	第二次	均值	理论值	偏离/%
20%	32.50	33.70	33.10	30.68	7.89
40%	62.30	65.40	63.85	61.36	4.06
60%	95.50	89.20	92.35	92.04	0.34
80%	120.70	125.90	123.30	122.72	0.47
100%	155.50	160.10	157.80	153.40	2.87
a	0.9923				
R^2	0.9989				

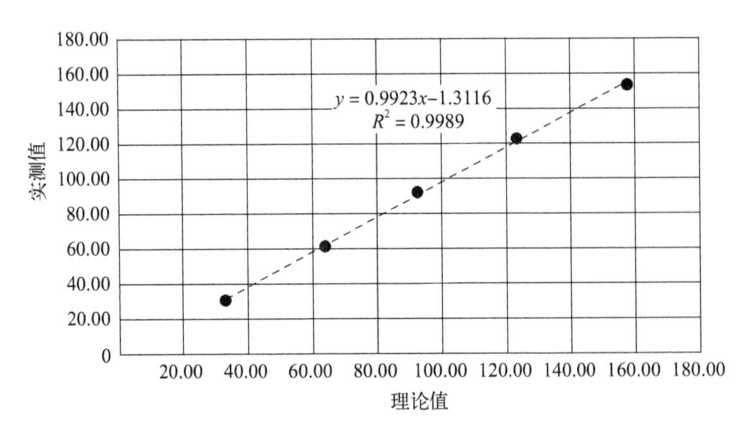

图8-7　AST线性方程

表8-18　TBIL线性检测　　单位：μmol/L

项目	第一次	第二次	均值	理论值	偏离/%
20%	15.88	16.24	16.06	16.68	-3.72
40%	33.46	34.17	33.82	33.36	1.36
60%	51.05	49.84	50.45	50.04	0.81
80%	67.77	65.02	66.40	66.72	-0.49
100%	85.10	84.30	84.70	83.40	1.56
a	0.9815				
R^2	0.9995				

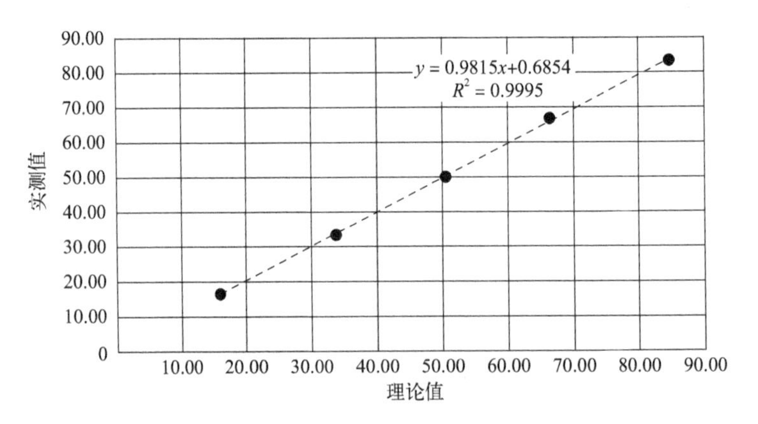

图8-8　TBIL线性方程

表8-19　GGT线性检测　　　　单位：U/L

项目	第一次	第二次	均值	理论值	偏离/%
20%	36.60	37.20	36.90	34.76	6.16
40%	71.20	65.90	68.55	69.52	-1.40
60%	110.20	107.80	109.00	104.28	4.53
80%	142.90	135.00	138.95	139.04	-0.06
100%	170.80	169.90	170.35	173.80	-1.99
a	1.0280				
R^2	0.9975				

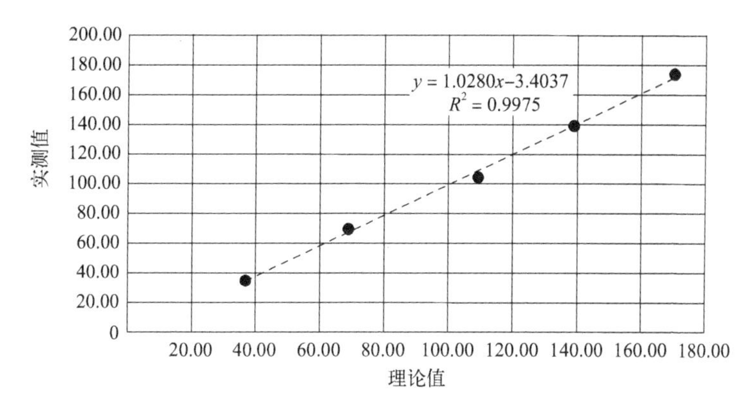

图8-9　GGT线性方程

表8-20　ALP线性检测　　　　单位：U/L

项目	第一次	第二次	均值	理论值	偏离/%
20%	66.67	67.21	66.94	65.50	2.20
40%	135.50	128.93	132.22	131.00	0.93
60%	200.51	193.21	196.86	196.50	0.18
80%	263.84	265.25	264.55	262.00	0.97
100%	330.80	331.15	330.98	327.50	1.06
a	0.9918				
R^2	0.9999				

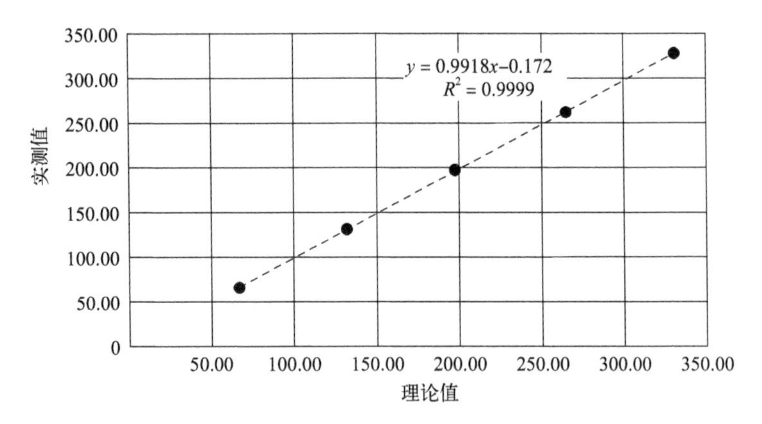

图8-10　ALP线性方程

表8-21　GLU线性检测　　单位：mmol/L

项目	第一次	第二次	均值	理论值	偏离/%
20%	3.01	3.05	3.03	2.90	4.48
40%	5.85	5.77	5.81	5.80	0.17
60%	8.65	8.73	8.69	8.70	−0.11
80%	11.66	11.32	11.49	11.60	−0.95
100%	14.70	15.01	14.86	14.50	2.45
a	0.9874				
R^2	0.9987				

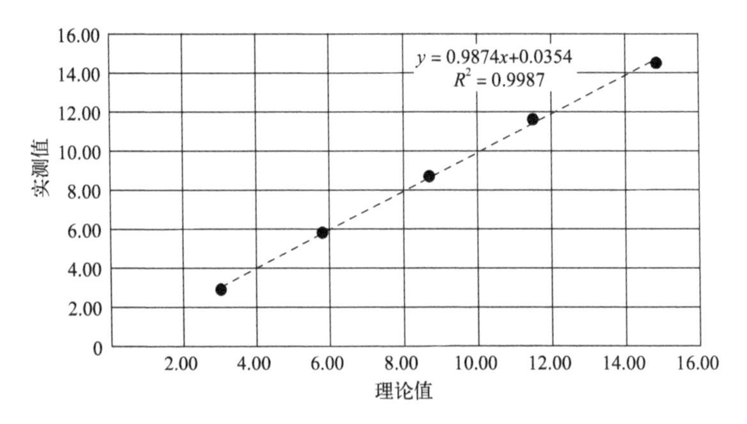

图8-11　GLU线性方程

表8-22　CREA线性检测　　单位：μmol/L

项目	第一次	第二次	均值	理论值	偏离 / %
20%	72.90	73.00	72.95	71.92	1.43
40%	144.90	145.20	145.05	143.84	0.84
60%	216.60	217.80	217.20	215.76	0.67
80%	288.80	290.40	289.60	287.68	0.67
100%	360.60	361.50	361.05	359.60	0.40
a	0.9978				
R^2	1.0000				

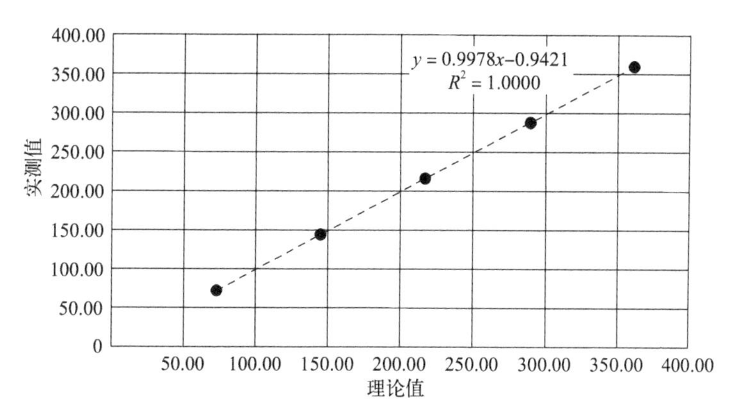

图8-12　CREA线性方程

表8-23　CA线性检测　　单位：mmol/L

项目	第一次	第二次	均值	理论值	偏离 /%
20%	0.62	0.64	0.63	0.68	-7.35
40%	1.33	1.37	1.35	1.35	0.00
60%	2.12	2.09	2.11	2.02	4.21
80%	2.73	2.62	2.68	2.69	-0.56
100%	3.40	3.31	3.36	3.36	-0.15
a	0.9869				
R^2	0.9980				

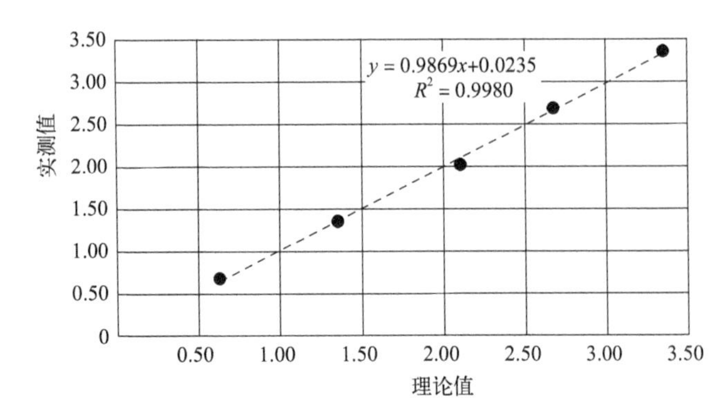

图8-13　CA线性方程

表8-24　CHOL线性检测　　　　单位：mmol/L

项目	第一次	第二次	均值	理论值	偏离/%
20%	1.42	1.45	1.44	1.41	1.77
40%	2.85	2.79	2.82	2.81	0.36
60%	4.26	4.31	4.29	4.21	1.78
80%	5.53	5.60	5.57	5.61	-0.80
100%	6.98	7.05	7.02	7.01	0.07
a	1.0065				
R^2	0.9997				

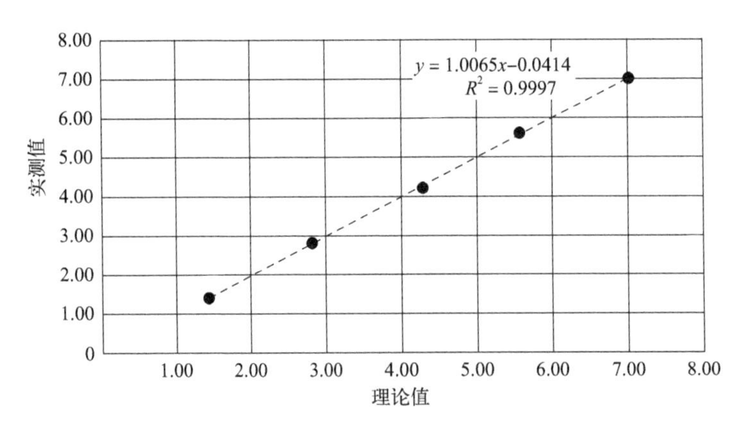

图8-14　CHOL线性方程

表8-25　TG线性检测　　单位：mmol/L

项目	第一次	第二次	均值	理论值	偏离/%
20%	0.60	0.60	0.60	0.61	-1.64
40%	1.20	1.30	1.25	1.21	3.31
60%	1.80	1.90	1.85	1.81	2.21
80%	2.50	2.40	2.45	2.41	1.66
100%	3.10	3.00	3.05	3.01	1.33
a	0.9833				
R^2	0.9997				

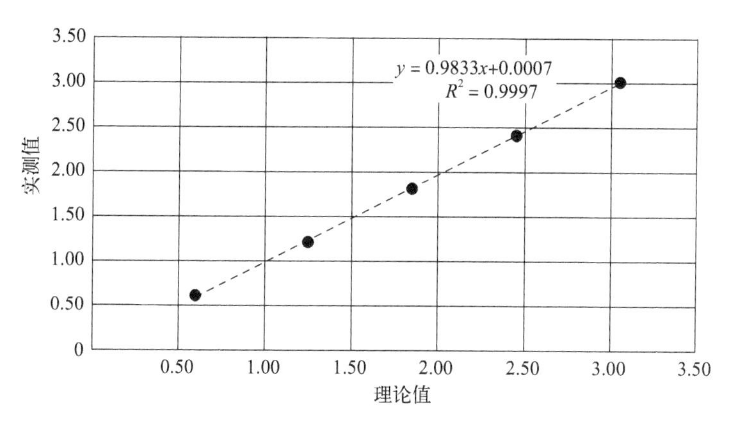

图8-15　TG线性方程

表8-26　LDH线性检测　　单位：U/L

项目	第一次	第二次	均值	理论值	偏离/%
20%	85.90	86.70	86.30	84.24	2.45
40%	170.50	171.40	170.95	168.48	1.47
60%	255.20	248.20	251.70	252.72	-0.40
80%	338.60	334.50	336.55	336.96	-0.12
100%	420.20	423.70	421.95	421.20	0.18
a	1.0065				
R^2	0.9999				

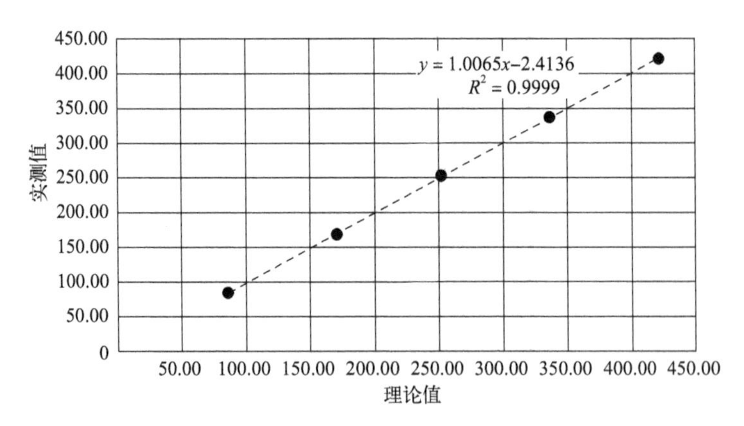

图8-16　LDH线性方程

表8-27　TP线性检测　　单位：g/L

项目	第一次	第二次	均值	理论值	偏离/%
20%	10.30	10.40	10.35	10.32	0.29
40%	21.60	22.40	22.00	20.64	6.59
60%	31.80	32.40	32.10	30.96	3.68
80%	42.80	43.20	43.00	41.28	4.17
100%	52.10	50.90	51.50	51.60	-0.19
a	0.9965				
R^2	0.9975				

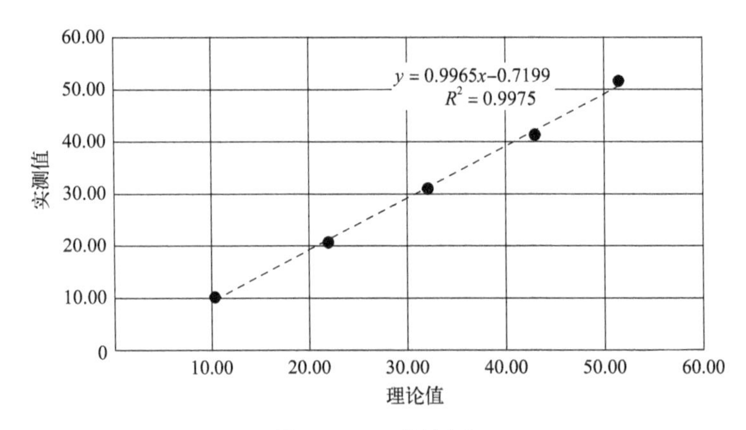

图8-17　TP线性方程

表8-28 ALB线性检测 单位：g/L

项目	第一次	第二次	均值	理论值	偏离/%
20%	6.20	6.70	6.45	6.30	2.38
40%	13.10	12.10	12.60	12.60	0.00
60%	19.30	19.20	19.25	18.90	1.85
80%	26.50	27.10	26.80	25.20	6.35
100%	32.80	33.50	33.15	31.50	5.24
a	0.9309				
R^2	0.9989				

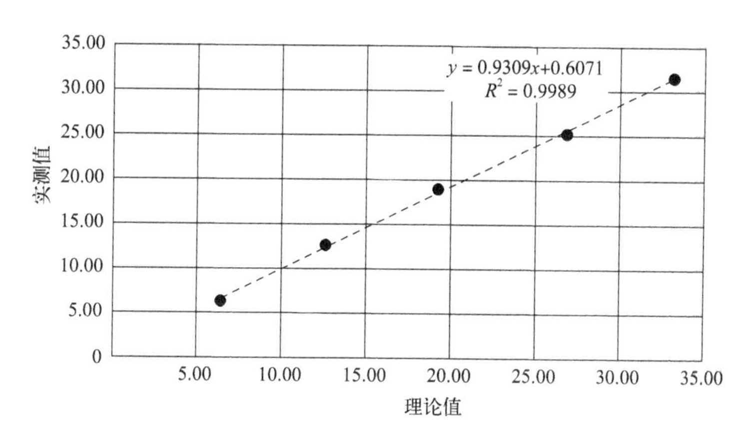

图8-18 ALB线性方程

表8-29 UA线性检测 单位：μmol/L

项目	第一次	第二次	均值	理论值	偏离/%
0.20	117.00	115.00	116.00	112.28	3.31
0.40	221.00	223.00	222.00	224.56	-1.14
0.60	332.00	338.00	335.00	336.84	-0.55
0.80	450.00	453.00	451.50	449.12	0.53
1.00	562.00	559.00	560.50	561.40	-0.16
a	1.0036				
R^2	0.9998				

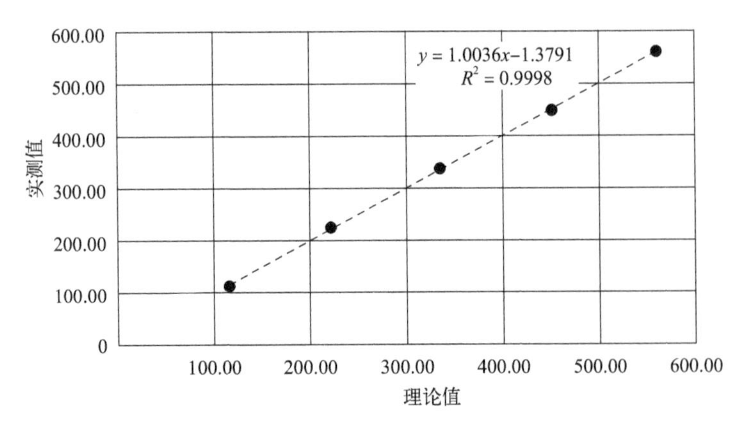

图8-19 UA线性方程

表8-30 UREA线性检测 单位：mmol/L

项目	第一次	第二次	均值	理论值	偏离/%
20%	4.23	3.65	3.94	3.86	2.07
40%	8.04	7.86	7.95	7.72	2.98
60%	10.96	12.33	11.65	11.58	0.60
80%	16.32	16.21	16.27	15.44	5.38
100%	18.46	19.21	18.84	19.30	-2.38
a	1.0068				
R^2	0.9943				

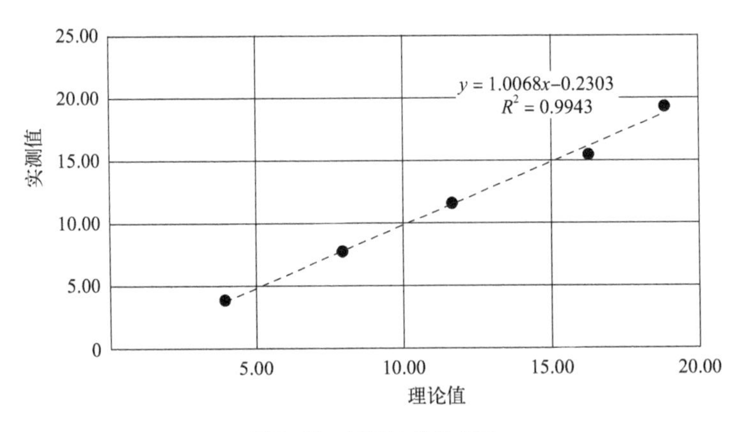

图8-20 UREA线性方程

表8-31　CK线性检测　　单位：U/L

项目	第一次	第二次	均值	理论值	偏离/%
20%	99.30	101.80	100.55	98.28	2.31
40%	197.60	194.30	195.95	196.56	-0.31
60%	295.80	291.40	293.60	294.84	-0.42
80%	395.20	394.20	394.70	393.12	0.40
100%	489.90	487.60	488.75	491.40	-0.54
a	1.0077				
R^2	0.9999				

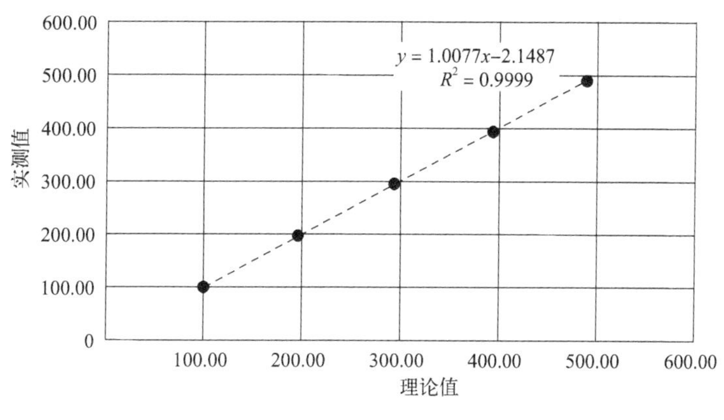

图8-21　CK线性方程

4.检测结论

Sapphire 600全自动生化分析仪重复性及线性测试结果良好，可确保实验数据的准确性与真实性，仪器正常可用。

第三节　尿液分析仪性能验证

1.测试仪器及试剂信息

测试仪器为Clinitek Status尿液分析仪。

试剂：尿十项试纸（干化学检测法），批号：602053。阴性和阳性质控，批号：C0016026。

2.实验方案

（1）仪器校准　调整仪器使其处于最佳工作状态，包括位置、环境温度、湿度、电压等在规定范围内；检查仪器检测系统，用仪器自带校准条进行校准，观察定标结果是否通过。

（2）仪器的重复性　取阳性质控试纸条在尿液分析仪上连续重复测定10次，在各项目检测的结果中，以出现频率最多的结果作为该项目的均值，计算均值结果个数占检测总数的百分比（同一个项目相差正负一个数量级视为一致)，符合率不低于90%。

（3）天间精密度　取阳性质控试纸条每天测定一次，连续测定20天，在各检测项目的结果中，以出现频率最多的结果作为该项目的均值，计算均值结果个数占检测总数的百分比（同一个项目相差正负一个数量级视为一致），符合率不低于90%。

（4）携带污染率　除pH和尿比重外的检测项目，用阳性质控作为阳性标本连续测定2次，用阴性质控作为阴性标本测定1次，循环3次，观察阴性测试受阳性测试的污染程度。阴性质控应不受阳性质控污染。

3.检测结果

（1）测试环境条件及校准结果如表8-32所示。

表8-32　测试环境条件及校准

环境条件	实测值	是否符合
电压：交流220V±22V	220V	符合
温度15～35℃	26℃	符合
相对湿度＜80%	32%	符合
位置：干燥通风，避免阳光直射	干燥通风，避免阳光直射	符合
仪器自检校准	通过	符合

（2）仪器的重复性结果如表8-33所示。

表8-33 仪器的重复性

项目	URO /（μmol/L）	BIL	KET	BLD	PRO	NIT	WBC	GLU	SG	pH
1	66	3+	2+	3+	2+	阳性	3+	1+	1.015	7.0
2	66	3+	3+	3+	2+	阳性	3+	1+	1.015	7.5
3	66	3+	2+	3+	2+	阳性	3+	1+	1.015	7.5
4	66	3+	2+	3+	2+	阳性	3+	1+	1.015	7.5
5	66	3+	2+	3+	2+	阳性	3+	1+	1.015	7.5
6	66	3+	3+	3+	2+	阳性	3+	1+	1.010	7.5
7	66	3+	2+	3+	2+	阳性	3+	1+	1.010	7.5
8	66	3+	2+	3+	2+	阳性	3+	1+	1.010	7.5
9	66	3+	3+	3+	2+	阳性	3+	1+	1.015	7.0
10	66	3+	2+	3+	2+	阳性	3+	1+	1.015	7.0
符合率/%	100	100	100	100	100	100	100	100	100	100
判定标准/%	≥90	≥90	≥90	≥90	≥90	≥90	≥90	≥90	≥90	≥90
是否合格	合格	合格	合格	合格	合格	合格	合格	合格	合格	合格

注：URO—尿胆原；BIL—胆红素；KET—酮体；BLD—潜血；PRO—尿蛋白；NIT—尿亚硝酸盐；SG—尿比重。

（3）仪器天间精密度如表8-34所示。

表8-34 天间精密度

项目	URO /（μmol/L）	BIL	KET	BLD	PRO	NIT	WBC	GLU	SG	pH
1	66	3+	3+	3+	2+	阳性	3+	1+	1.010	≥9.0
2	66	3+	2+	3+	2+	阳性	3+	1+	1.010	≥9.0
3	66	3+	3+	3+	2+	阳性	1+	1+	1.010	8.5
4	66	3+	2+	3+	2+	阳性	3+	1+	1.010	8.5
5	66	3+	2+	3+	2+	阳性	3+	1+	1.010	8.5
6	66	3+	2+	3+	2+	阳性	3+	1+	1.010	8.5
7	66	3+	2+	3+	2+	阳性	3+	1+	1.010	8.5
8	66	3+	3+	3+	2+	阳性	3+	1+	1.010	8.5

续表

项目	URO /（μmol/L）	BIL	KET	BLD	PRO	NIT	WBC	GLU	SG	pH
9	66	3+	2+	3+	2+	阳性	3+	1+	1.010	8.5
10	66	3+	2+	3+	2+	阳性	3+	1+	1.010	8.5
11	66	3+	2+	3+	2+	阳性	3+	1+	1.010	8.5
12	66	3+	3+	3+	2+	阳性	3+	1+	1.015	8.5
13	66	3+	3+	3+	2+	阳性	3+	1+	1.015	8.5
14	66	3+	2+	3+	2+	阳性	3+	1+	1.015	8.5
15	66	3+	2+	3+	2+	阳性	3+	1+	1.015	8.5
16	66	3+	2+	3+	2+	阳性	3+	1+	1.015	8.5
17	66	3+	3+	3+	2+	阳性	3+	1+	1.015	≥9.0
18	66	3+	2+	3+	2+	阳性	3+	1+	1.015	8.5
19	66	3+	2+	3+	2+	阳性	3+	1+	1.015	8.5
20	66	3+	2+	3+	2+	阳性	3+	1+	1.015	8.5
符合率/%	100	100	100	100	100	100	95	100	100	100
判定标准/%	≥90	≥90	≥90	≥90	≥90	≥90	≥90	≥90	≥90	≥90
是否合格	合格	合格	合格	合格	合格	合格	合格	合格	合格	合格

（4）仪器的携带污染率如表8-35所示。

表8-35　携带污染率

项目	URO/（μmol/L）	BIL	KET	BLD	PRO	NIT	WBC	GLU
阳性质控	33	3+	2+	3+	2+	阳性	3+	1+
阳性质控	33	3+	2+	3+	2+	阳性	3+	1+
阴性质控	3.2	阴性	阴性	阴性	阴性	阴性	阴性	阴性
阳性质控	33	3+	2+	3+	2+	阳性	3+	1+
阳性质控	33	3+	2+	3+	2+	阳性	3+	1+
阴性质控	3.2	阴性	阴性	阴性	阴性	阴性	阴性	阴性
阳性质控	33	3+	2+	3+	2+	阳性	3+	1+
阳性质控	33	3+	2+	3+	2+	阳性	3+	1+
阴性质控	3.2	阴性	阴性	阴性	阴性	阴性	阴性	阴性

4.检测结论

Clinitek Status尿液分析仪重复性及精密度良好，携带污染率符合标准，可确保实验数据的准确性与真实性，仪器正常可用。

第四节　电解质分析仪性能验证

1.测试仪器及试剂信息

测试仪器为IMS-927 Popular 电解质分析仪。

试剂：

（1）内校液（C2），批号：20160826。

（2）漂移校正液（A），批号：20160814。

（3）斜率校正液（B），批号：20160820。

2.实验方案

（1）仪器的重复性　取内校液（C2）在电解质分析仪上连续重复测定20次，记录20次结果并计算均值、标准差和变异系数。

（2）线性　取内校液（C2），并将其稀释成80%、60%、40%、20%不同浓度的样品，浓度范围遍布整个预期可报告范围。从高到低各浓度重复测定2次，记录结果。对测试均值和理论值进行线性回归，得到回归曲线$y=ax+b$，$R^2 \geqslant 0.95$，a在0.85～1.15范围内，则判断为线性相关性验证通过。

3.检测结果

（1）仪器的重复性结果如表8-36所示。

表8-36　仪器的重复性

项目	K^+/（mmol/L）	Na^+/（mmol/L）	Cl^-/（mmol/L）
1	4.56	141.4	93.6
2	4.58	141.7	93.3

续表

项目	K^+/（mmol/L）	Na^+/（mmol/L）	Cl^-/（mmol/L）
3	4.57	141.7	93.3
4	4.59	141.7	93.3
5	4.57	141.4	93.3
6	4.57	141.6	93.2
7	4.58	141.7	93.2
8	4.58	141.7	93.3
9	4.57	141.4	93.4
10	4.57	141.9	93.3
11	4.57	141.5	93.3
12	4.57	141.6	93.3
13	4.58	141.7	93.3
14	4.58	141.6	93.3
15	4.57	141.6	93.2
16	4.57	141.7	93.3
17	4.57	141.6	93.3
18	4.58	141.7	93.3
19	4.57	141.5	93.3
20	4.58	141.7	93.2
MEAN	4.57	141.6	93.3
SD	0.01	0.13	0.09
CV	0.2	0.09	0.1
CV判定标准	≤3.0	≤0.7	≤1.25
是否合格	合格	合格	合格

（2）线性结果如表8-37～表8-39和图8-22～图8-24所示。

表8-37　K^+线性　　单位：mmol/L

稀释度	第1次检测结果	第2次检测结果	平均值	理论值
100%	4.58	4.58	4.58	4.60
80%	3.77	3.77	3.77	3.68

续表

稀释度	第1次检测结果	第2次检测结果	平均值	理论值
60%	3.00	2.99	3.00	2.76
40%	2.05	2.04	2.05	1.84
20%	1.18	1.18	1.18	0.92
a	1.0783			
R^2	0.9986			

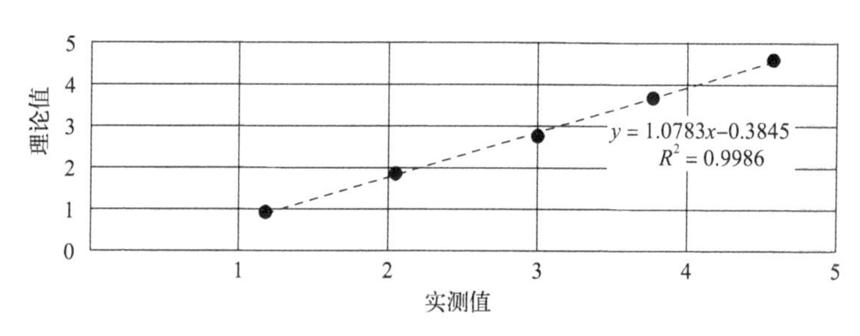

图8-22 K^+线性

表8-38 Na^+线性 单位：mmol/L

稀释度	第1次检测结果	第2次检测结果	平均值	理论值
100%	141.8	141.6	141.7	142.0
80%	119.0	118.6	118.8	113.6
60%	97.8	96.4	97.1	85.2
40%	68.6	68.0	68.3	56.8
20%	42.1	41.6	41.9	28.4
a	1.1321			
R^2	0.997			

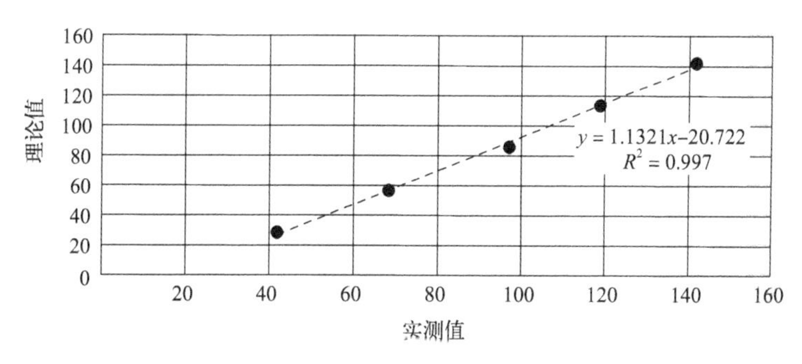

图8-23 Na^+线性

表8-39　Cl^-线性　　单位：mmol/L

稀释度	第1次检测结果	第2次检测结果	平均值	理论值
100%	93.3	93.3	93.3	94.0
80%	73.6	73.6	73.6	75.2
60%	54.4	54.8	54.6	56.4
40%	31.4	31.0	31.2	37.6
20%	9.6	8.6	9.1	18.8
a	0.8903			
R^2	0.9983			

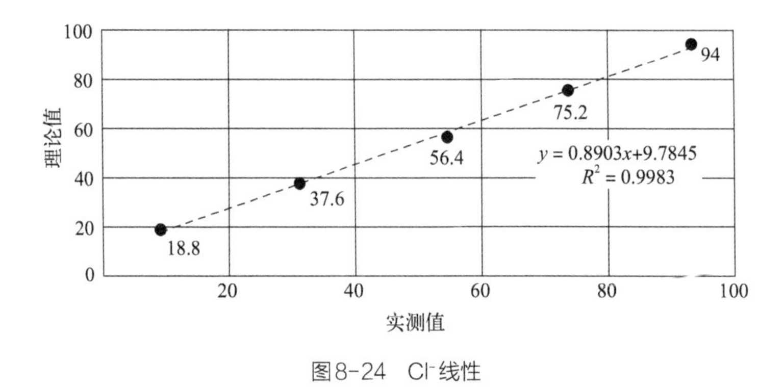

图8-24　Cl^-线性

4.检测结论

IMS-972 Popular电解质分析仪重复性及线性测试结果良好，可确保实验数据的准确性与真实性，仪器正常可用。

第五节　酶标仪性能验证

1.测试仪器及试剂信息

测试仪器为Multiskan MK3全自动酶标仪。

将重铬酸钾配制成质量浓度5mg/mL的重铬酸钾溶液，再对其进行连续倍比稀释得到T1～T7，质量浓度分别为5mg/mL、2.5mg/mL、1.25mg/mL、0.625mg/mL、0.313mg/mL、0.156mg/mL、0.078mg/mL。

2.实验方案

（1）仪器的重复性检测　取一排洁净的酶标板依次加入质量浓度分别为5mg/mL、2.5mg/mL、1.25mg/mL、0.625mg/mL、0.313mg/mL、0.156mg/mL、0.078mg/mL的重铬酸钾溶液，每孔200μL，第8孔加入去离子水作空白对照。对同一孔分别用405nm波长、450nm波长、492nm波长连续测5次，计算各波长下每孔吸光度均值、标准差和CV。

（2）线性相关性检测　对同一孔分别用405nm波长、450nm波长、492nm波长连续测5次，取均值，对吸光度与稀释度做线性相关分析，相关系数R^2应≥0.95。

3.检测结果

（1）仪器的重复性检测　CV均≤2%，如表8-40～表8-42所示。

表8-40　405nm重复性检测

项目	吸光度							
1	2.951	2.889	1.633	0.786	0.388	0.196	0.116	0.076
2	2.987	2.823	1.626	0.782	0.386	0.195	0.116	0.076
3	3.025	2.849	1.613	0.779	0.385	0.195	0.116	0.076
4	3.112	2.891	1.615	0.778	0.383	0.195	0.115	0.076
5	2.988	2.921	1.603	0.776	0.383	0.195	0.116	0.076
MEAN	3.013	2.875	1.618	0.780	0.385	0.195	0.116	0.076
SD	0.061	0.039	0.012	0.004	0.002	0.000	0.000	0.000
CV	0.020	0.014	0.007	0.005	0.005	0.000	0.000	0.000

表8-41　450nm重复性检测

项目	吸光度							
1	2.897	1.794	0.820	0.442	0.245	0.136	0.086	0.059
2	2.841	1.811	0.820	0.442	0.244	0.135	0.086	0.059
3	2.815	1.792	0.814	0.441	0.244	0.136	0.086	0.058
4	2.839	1.803	0.814	0.441	0.244	0.134	0.085	0.059
5	2.853	1.804	0.814	0.442	0.243	0.135	0.085	0.059
MEAN	2.849	1.801	0.816	0.442	0.244	0.135	0.086	0.059
SD	0.030	0.008	0.003	0.001	0.001	0.001	0.001	0.000
CV	0.011	0.004	0.004	0.002	0.004	0.007	0.012	0.000

表8-42　492nm重复性检测

项目	吸光度							
1	1.117	0.614	0.287	0.165	0.100	0.065	0.049	0.040
2	1.116	0.614	0.286	0.165	0.100	0.065	0.048	0.040
3	1.118	0.611	0.286	0.164	0.101	0.065	0.049	0.040
4	1.116	0.613	0.286	0.165	0.100	0.065	0.048	0.040
5	1.119	0.610	0.286	0.163	0.100	0.064	0.049	0.041
MEAN	1.117	0.612	0.286	0.164	0.100	0.065	0.049	0.040
SD	0.001	0.002	0.000	0.001	0.000	0.000	0.001	0.000
CV	0.001	0.003	0.000	0.006	0.000	0.000	0.020	0.000

（2）线性相关性检测结果如表8-43～表8-45和图8-25～图8-27所示。

表8-43　405nm线性相关分析

浓度/（mg/mL）	5	2.5	1.25	0.625	0.313	0.156	0.078	0.000
吸光度	3.013	2.875	1.618	0.780	0.385	0.195	0.116	0.076
R^2	0.9965							

表8-44　450nm线性相关分析

浓度/（mg/mL）	5	2.5	1.25	0.625	0.313	0.156	0.078	0.000
吸光度	2.849	1.801	0.816	0.442	0.244	0.135	0.086	0.059
R^2	0.9868							

表8-45　492nm线性相关分析

浓度/（mg/mL）	5	2.5	1.25	0.625	0.313	0.156	0.078	0.000
吸光度	1.117	0.612	0.286	0.164	0.100	0.065	0.049	0.040
R^2	0.9984							

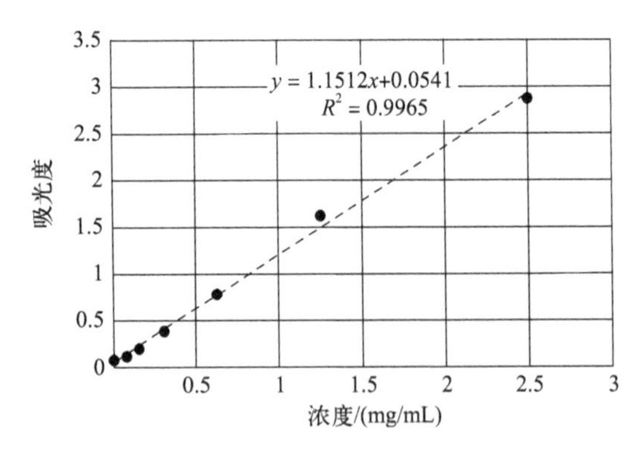

图8-25　405nm线性方程

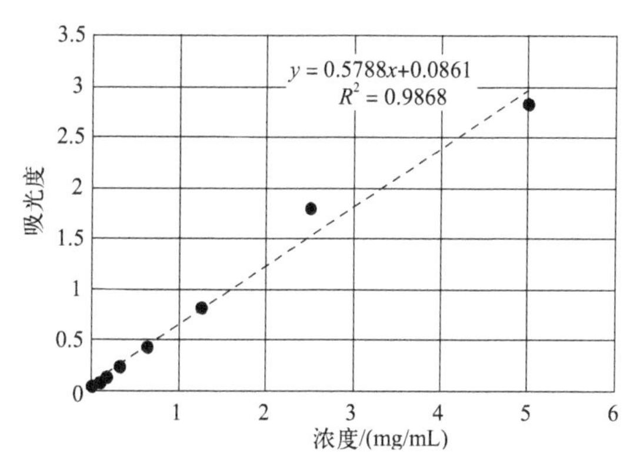

图8-26　450nm线性方程

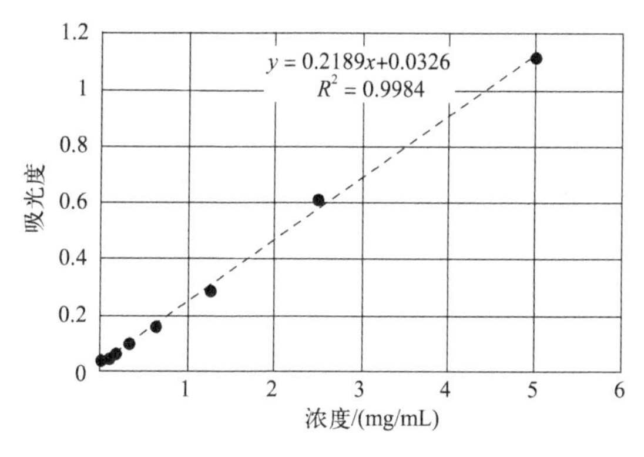

图8-27　492nm线性方程

4.检测结论

Multiskan MK3全自动酶标仪重复性及线性测试结果良好，可确保实验数据的准确性与真实性，仪器正常可用。

第六节　血凝仪性能验证

1.测试仪器及试剂信息

测试仪器为MC-400plus血凝仪。

试剂：

（1）凝血质控品（型号1），批号：20150713。

（2）凝血质控品（型号2），批号：20150713。

（3）FIB定值血浆，批号：1320961。

2.实验方案

（1）批内精密度　根据《临床血液学检验常规项目分析质量要求》（WS/T 406—2012），取凝血质控品（型号1）、凝血质控品（型号2）、FIB定值血浆，在血凝分析仪上连续重复测定10次，记录10次结果并计算均值、标准差和变异系数。

（2）FIB线性　按照《临床化学设备线性评价指南》（WS/T 408—2012）的要求进行，选取一份接近预期上限的高值全血样本，将其稀释成80%、60%、40%、20%不同浓度的样品，浓度范围遍布整个预期可报告范围。各浓度依次重复测定4次，记录结果，计算均值，将测试均值和理论值进行线性回归，得到回归曲线$y=ax+b$。线性回归方程的斜率a在1±0.05范围内，相关系数R^2≥0.95则判断为线性范围验证通过。

3.检测结果

（1）批内精密度结果如表8-46所示：

表8-46　PT、APTT、TT、FIB批内精密度

参数	PT	APTT	TT	FIB	PT	APTT
单位	s	s	s	g/L	s	s
质控品	凝血质控品（型号1）			FIB定值血浆	凝血质控品（型号2）	
1	11.6	27.3	14.0	2.4	38.1	49.2
2	11.9	27.3	14.7	2.3	38.3	49.2
3	11.9	27.5	14.4	2.3	38.4	49.2
4	12.1	27.5	14.4	2.3	38.5	49.3
5	11.6	27.1	14.0	2.5	37.7	49.2
6	11.8	27.0	14.0	2.5	38.0	49.5
7	12.0	27.2	14.1	2.4	38.0	49.7
8	12.1	27.0	14.0	2.4	38.2	49.7

续表

参数	PT	APTT	TT	FIB	PT	APTT
单位	s	s	s	g/L	s	s
质控品	凝血质控品（型号1）			FIB定值血浆	凝血质控品（型号2）	
9	11.8	27.2	14.7	2.5	38.4	49.1
10	12.2	28.0	15.0	2.3	38.8	49.7
MEAN	11.9	27.3	14.3	2.4	38.2	49.4
SD	0.2	0.3	0.4	0.1	0.3	0.2
CV/%	1.7	1.1	2.8	4.2	0.8	0.4
判定标准CV/%	≤3.0	≤3.0	≤3.0	≤4.5	≤3.0	≤3.0
结论	合格	合格	合格	合格	合格	合格

（2）FIB线性结果如表8-47、图8-28所示。

表8-47　FIB线性　　单位：g/L

项目	第一次	第二次	第三次	第四次	均值	理论值
100%	6.1	5.7	5.7	5.8	5.83	5.96
80%	5.0	4.8	4.5	4.8	4.78	4.77
60%	3.5	3.6	3.6	3.4	3.53	3.58
40%	2.4	2.3	2.3	2.3	2.33	2.38
20%	1.2	1.2	1.1	1.2	1.18	1.19
a	1.0147					
R^2	0.9994					

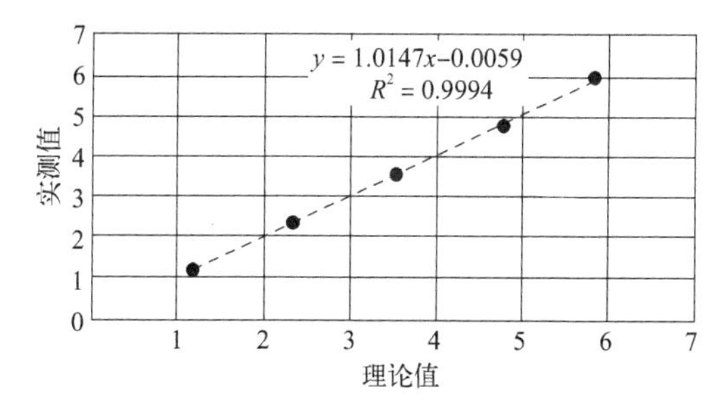

图8-28　FIB线性

4. 检测结论

MC-400plus 血凝分析仪批内精密度及线性测试结果良好，可确保实验数据的准确性与真实性，仪器正常可用。

参考文献

[1] 赵秀英, 郭爽. 从医学实验室质量和能力认可准则（ISO 15189）角度看检验与临床沟通 [J]. 北京医学, 2020, 42(02): 142-144.

[2] 张璐, 王琳琳, 翟运开, 等. 精准医学实验室标准化建设和质量管理 [J]. 中国卫生资源, 2020, 23(01): 14-18, 48.

[3] 胡玉海, 胡卫绵, 田佩孚, 等. 新型床旁血液分析仪临床检测的性能验证研究 [J]. 中国医学装备, 2021, 18(09): 20-23.

[4] 史丹阳, 杨琦, 张慧芸, 等. 全自动生化分析仪血清指数性能验证及干扰评价 [J]. 标记免疫分析与临床, 2023, 30(11): 1899-1905.

[5] 张玉婷. 迪瑞FUS-2000全自动尿液分析仪的性能验证 [J]. 中国医疗器械信息, 2021, 27(09): 155-156, 178.

[6] 范培蕾, 梁亮, 冯金玲, 等. 电解质分析仪的性能验证评价结果分析与研究 [J]. 分析仪器, 2018, (06): 123-127.

[7] 张苏敏, 袁方, 青颖, 等. 酶标分析仪灵敏度检校用溶液标准物质的研制及其应用 [J]. 计量与测试技术, 2022, 49(09): 83-86.

[8] 罗国菊, 寿炜龄, 陈倩, 等. CN-3000 全自动血凝仪检测凝血七项的性能验证 [J]. 标记免疫分析与临床, 2022, 29(07): 1204-1208.